Wissenschaftliche Reihe Fahrzeugtechnik Universität Stuttgart

Reihe herausgegeben von
M. Bargende, Stuttgart, Deutschland
H.-C. Reuss, Stuttgart, Deutschland
J. Wiedemann, Stuttgart, Deutschland

Das Institut für Verbrennungsmotoren und Kraftfahrwesen (IVK) an der Universität Stuttgart erforscht, entwickelt, appliziert und erprobt, in enger Zusammenarbeit mit der Industrie, Elemente bzw. Technologien aus dem Bereich moderner Fahrzeugkonzepte. Das Institut gliedert sich in die drei Bereiche Kraftfahrwesen, Fahrzeugantriebe und Kraftfahrzeug-Mechatronik. Aufgabe dieser Bereiche ist die Ausarbeitung des Themengebietes im Prüfstandsbetrieb, in Theorie und Simulation. Schwerpunkte des Kraftfahrwesens sind hierbei die Aerodynamik, Akustik (NVH), Fahrdynamik und Fahrermodellierung, Leichtbau, Sicherheit, Kraftübertragung sowie Energie und Thermomanagement – auch in Verbindung mit hybriden und batterieelektrischen Fahrzeugkonzepten. Der Bereich Fahrzeugantriebe widmet sich den Themen Brennverfahrensentwicklung einschließlich Regelungs- und Steuerungskonzeptionen bei zugleich minimierten Emissionen, komplexe Abgasnachbehandlung, Aufladesysteme und -strategien, Hybridsysteme und Betriebsstrategien sowie mechanisch-akustischen Fragestellungen. Themen der Kraftfahrzeug-Mechatronik sind die Antriebsstrangregelung/Hybride, Elektromobilität, Bordnetz und Energiemanagement, Funktions- und Softwareentwicklung sowie Test und Diagnose. Die Erfüllung dieser Aufgaben wird prüfstandsseitig neben vielem anderen unterstützt durch 19 Motorenprüfstände, zwei Rollenprüfstände, einen 1:1-Fahrsimulator, einen Antriebsstrangprüfstand, einen Thermowindkanal sowie einen 1:1-Aeroakustikwindkanal. Die wissenschaftliche Reihe „Fahrzeugtechnik Universität Stuttgart" präsentiert über die am Institut entstandenen Promotionen die hervorragenden Arbeitsergebnisse der Forschungstätigkeiten am IVK.

Reihe herausgegeben von

Prof. Dr.-Ing. Michael Bargende
Lehrstuhl Fahrzeugantriebe
Institut für Verbrennungsmotoren und
Kraftfahrwesen, Universität Stuttgart
Stuttgart, Deutschland

Prof. Dr.-Ing. Jochen Wiedemann
Lehrstuhl Kraftfahrwesen
Institut für Verbrennungsmotoren und
Kraftfahrwesen, Universität Stuttgart
Stuttgart, Deutschland

Prof. Dr.-Ing. Hans-Christian Reuss
Lehrstuhl Kraftfahrzeugmechatronik
Institut für Verbrennungsmotoren und
Kraftfahrwesen, Universität Stuttgart
Stuttgart, Deutschland

Weitere Bände in der Reihe http://www.springer.com/series/13535

Thomas Rothermel

Ein Assistenzsystem für die sicherheitsoptimierte Längsführung von E-Fahrzeugen im urbanen Umfeld

Springer Vieweg

Thomas Rothermel
Stuttgart, Deutschland

Zugl.: Dissertation Universität Stuttgart, 2017

D93

ISSN 2567-0042   ISSN 2567-0352   (electronic)
Wissenschaftliche Reihe Fahrzeugtechnik Universität Stuttgart
ISBN 978-3-658-23336-5   ISBN 978-3-658-23337-2   (eBook)
https://doi.org/10.1007/978-3-658-23337-2

Die Deutsche Nationalbibliothek verzeichnet diese Publikation in der Deutschen National-
bibliografie; detaillierte bibliografische Daten sind im Internet über http://dnb.d-nb.de abrufbar.

Springer Vieweg

Springer Vieweg ist ein Imprint der eingetragenen Gesellschaft Springer Fachmedien Wiesbaden GmbH
und ist ein Teil von Springer Nature
Die Anschrift der Gesellschaft ist: Abraham-Lincoln-Str. 46, 65189 Wiesbaden, Germany

Vorwort

Die vorliegende Arbeit entstand während meiner Tätigkeit als wissenschaftlicher Mitarbeiter am Institut für Verbrennungsmotoren und Kraftfahrwesen (IVK) der Universität Stuttgart im Rahmen des vom BMBF geförderten Verbundforschungsprojekts „Zuverlässigkeit und Sicherheit von Elektrofahrzeugen - ZuSE". Besonders danke ich dem Leiter des Lehrstuhls für Kraftfahrzeugmechatronik, Herrn Prof. Dr.-Ing. H.-C. Reuss, für das Ermöglichen und die Förderung dieser Arbeit. Mein Dank gilt auch Herrn Prof. Dr.-Ing. Prof. h.c. Dr. h.c. Torsten Bertram für das Interesse an meiner Arbeit und die Übernahme des Mitberichts.

Meinen Kolleginnen und Kollegen des IVK und des FKFS danke ich für die angenehme Arbeitsatmosphäre und die gute Zusammenarbeit. Mein besonderer Dank geht dabei an Herrn Dr.-Ing. Gerd Baumann, dem Leiter des Bereichs Kraftfahrzeugmechatronik und Software, für das entgegengebrachte Vertrauen, seine Unterstützung und das Schaffen von Freiräumen. Den Mitarbeitern die mit mir gemeinsam am Fahrsimulator tätig waren danke ich für die hilfreichen Diskussionen, ihre uneingeschränkte Unterstützung und die schöne gemeinsame Zeit. Stellvertretend seien an dieser Stelle Herr Dr.-Ing. Jürgen Pitz, Herr Dipl.-Ing. Martin Kehrer und Herr Dipl.-Ing. Anton Janeba genannt, die wesentlich zum Gelingen dieser Arbeit beigetragen haben.

Von ganzem Herzen danke ich meiner Frau Nina und meinem Sohn Max für die Geduld, die Motivation in den schwierigen Phasen während der Anfertigung dieser Arbeit und den großen Rückhalt. Nicht zuletzt möchte ich mich bei meinen Eltern für die Förderung und Unterstützung im Studium und während der Promotion bedanken.

Stuttgart   Thomas Rothermel

Inhaltsverzeichnis

Abbildungsverzeichnis

Tabellenverzeichnis

Abkürzungsverzeichnis

ABS	Antiblockiersystem
ACC	Abstandsregeltempomat (engl. Adaptive Cruise Control)
ADASIS	Advanced Driver Assistance System Interface Specifications
AR	Augmented Reality
BASt	Bundesanstalt für Straßenwesen
BEV	Batterieelektrisches Fahrzeug (engl. Batterie Electric Vehicle)
BMBF	Bundesministerium für Bildung und Forschung
CPU	Central Processing Unit, (Haupt-)Prozessor eines Computers
DiL	Driver in the Loop
ECU	Fahrzeugsteuergerät (engl. Electronic Control Unit)
ESP	Elektronisches Stabilitätsprogramm
FKFS	Forschungsinstitut für Kraftfahrwesen und Fahrzeugmotoren Stuttgart
GIDAS	German In-Depth Accident Study
HiL	Hardware in the Loop
HMI	Mensch-Maschine Schnittstelle (engl. Human Machine Interface)
ISA	Intelligenter Geschwindigkeitsassistent
IVK	Institut für Verbrennungsmotoren und Kraftfahrwesen
LDW	Spurverlassenswarner (engl. Lane Departure Warning)
LKS	Spurhalteassistent (engl. Lane Keeping Support)
MID	Mobilität in Deutschland (Tabellenband)
MPC	Modellprädiktiver Regler (engl. Model Predictive Controller)

MWK	Ministerium für Wissenschaft, Forschung und Kunst Baden-Württemberg
NCAP	European New Car Assessment Programme
NMPC	Nichtlinearer modellprädiktiver Regler (engl. Nonlinear Model Predictive Controller)
POI	Point of Interest
RLS	Recursive Least Squares
SAE	Society of Automotive Engineers
SiL	Software in the Loop
SOL	Sicherheitsoptimierte Längsführungsassistenz
TTC	Time To Collision
VR	Virtual Reality
VTD	Virtual Test Drive

Symbolverzeichnis

Griechische Buchstaben

α	Fahrbahnsteigung	[rad]
$\Delta\gamma_0$	Differenz der geforderten und optimierten Fahrpedalstellung zu Beginn der Notbremsung	[-]
ΔP_{br}	Differenz zwischen gefordertem und optimiertem Bremsdruck zu Beginn der Notbremsung	[Pa]
ΔT	Zeitschrittweite des modellprädiktiven Reglers	[s]
$\Delta t_{\gamma,0}$	Gasrücknahmezeit	[s]
$\Delta t_{P_{br}}$	Bremsreaktionszeit	[s]
ΔT_{samp}	Zyklenzeit des modellprädiktiven Reglers	[s]
η_{DG}	Gesamtwirkungsgrad von Getriebe und Achsdifferential	[%]
γ	Normierte Fahrpedalstellung	[-]
κ	Reifenschlupf	
μ_G	Gleitreibungszahl für die Paarung Bremsscheibe/Bremsbelag	[-]
ρ	Luftdichte	[kg/m^3]
σ	Standardabweichung	[-]
ξ_{s_x}	Slackvariable für den Zustand s_x	[m]
ξ_{v_x}	Slackvariable für den Zustand v_x	[m/s]

Indizes

a	Antrieb
b	Bremse
col	Bezeichner für Datensätze, Kollisionsobjekte
max	Maximal/obere Beschränkung
$mech$	Mechanisch
min	Minimal/untere Beschränkung
opt	Optimal
ref	Referenz
rek	Rekuperativ
req	Vom Fahrer gefordert

sl	Bezeichner für Datensätze, Geschwindigkeitsbegrenzung	
$ctrl$	Stellgröße	
HA	Hinterachse	
VA	Vorderachse	

Lateinische Buchstaben

A	Fahrzeugstirnfläche	$[m^2]$
A_b	Auflagefläche zwischen Bremsbelag und Bremsscheibe pro Achse	$[m^2]$
$a_{verz,max}$	Maximal bei einer Notbremsung zu erwartende Verzögerung	$[m/s^2]$
c_l	Luftwiderstandsbeiwert	[-]
D	Anzahl bereitgestellter Datensätze	[-]
d	Zähler für die Datensatznummer	[-]
$\mathbf{D}$	Kopplungsmatrix für Eingangsbeschränkungen	[-]
$\mathbf{d}$	Vektor für Eingangsbeschränkungen	[-]
e_{mdl}	Modellfehler	$[m/s^2]$
F_a	Antriebskraft (gesamt)	[N]
F_b	Bremskraft (gesamt)	[N]
$F_{fp,o}$	Gegenkraft am Fahrpedal bei Kickdown	[N]
$F_{fp,r}$	Gegenkraft am Fahrpedal bei Systemeingriff	[N]
F_l	Luftwiderstand	[N]
F_μ	Reibungskraft	[N]
F_N	Normalkraft	[N]
F_q	Seitenführungskraft	[N]
F_r	Rollwiderstand	[N]
f_r	Rollwiderstandsbeiwert	[-]
F_s	Steigwiderstand	[N]
F_u	Reifenumfangskraft	[N]
F_w	Summe der Fahrwiderstände	[N]
g	Erdbeschleunigung	$[m/s^2]$
$\mathbf{H}$	Kopplungsmatrix für Zustandsbeschränkungen	[-]
$\mathbf{h}$	Vektor für Zustandsbeschränkungen	[-]
H_0	Nullhypothese	[-]
H_1	Alternativhypothese	[-]
i	Zähler für den Iterationsschritt (hochgestellt)	[-]

i_{BV}	Bremskraftverteilung vorne/hinten	[-]
i_{DG}	Gesamtübersetzung von Getriebe und Achsdifferential	[-]
J	Gütemaß	[-]
k_m	Massenfaktor	[-]
M	Moment	[Nm]
m	Fahrzeugmasse	[kg]
M_a	Achsmoment an der Antriebsachse	[Nm]
$M_{antr,max}$	Maximales effektives Gesamtmoment das für den Antrieb eines Fahrzeugs aufgebracht werden kann	[Nm]
$M_{b,a}$	An allen Rädern durch Antrieb und Bremsung anliegendes Gesamtmoment (Ersatzmoment)	[Nm]
M_{em}	Moment der elektrischen Maschine	[Nm]
$\mathbf{M}$	Datensatz mit Kartendaten	[-]
$M_{verz,max}$	Maximales effektives Gesamtmoment das für die Verzögerung eines Fahrzeugs aufgebracht werden kann	[Nm]
N	Anzahl der Diskretisierungsschritte im Prädiktionshorizont	[-]
n	Drehzahl der elektrischen Antriebsmaschine	[1/min]
n_P	Stichprobengröße	[-]
$\mathbf{O}$	Datensatz mit Sensordaten/Objektliste	[-]
p_1, p_2, p_3	Parameter zur Beschreibung des vereinfachten Längsdynamikmodells	[-]
P_b	Bremsdruck	[Pa]
$\mathscr{P}$	Parametersatz zur Beschreibung des vereinfachten Längsdynamikmodells	[-]
$\mathbf{Q}$	Gewichtungsmatrix der Zustände im Gütefunktional	[-]
$\mathbf{R}$	Gewichtungsmatrix der Eingänge im Gütefunktional	[-]
r_{bs}	Effektiver Bremsscheibenradius	[m]
R_{col}	Kollisionsrisikoklasse	[-]
r_{dyn}	Dynamischer Radhalbmesser	[m]
s_{col}	Abstand zum Kollisionsobjekt	[m]
s_{ev}	Abstand zu einem Ereignis	[m]
t	Zeit	[s]

t_a	Ansprechzeit des Bremssystems	[s]
T_{calc}	Berechnungsdauer für die Lösung des	[s]
	Optimalsteuerungsproblems	
t_{ev}	Zeitlücke zu einem Ereignis	[s]
T_{opt}	Prädiktionshorizont	[s]
t_t	Testgröße für den t-Test	[-]
u	Eingangsvektor	[-]
$\mathcal{U}$	Beschränkter Eingangsraum	[-]
v_{col}	Relativgeschwindigkeit zum Kollisionsobjekt	[m/s]
v_u	Reifenumfangsgeschwindigkeit	[m/s]
v_x	Fahrzeuglängsgeschwindigkeit	[m]
x	Zustandsvektor	[-]
$\mathcal{X}$	Beschränkter Zustandsraum	[-]

Schreibweisen

b	Skalare Beispielgröße
b	Vektorielle Beispielgröße
B	Matrizielle Beispielgröße
b_0	b zum aktuellen Zeitpunkt
$\bar{b}$	Mittelwert/Diskrete Trajektorie im
	Prädiktionshorizont
$\hat{b}$	Messung von b
$b^{(i)}$	b im i-ten Iterationsschritt
$\bar{b}_j$	b in der Diskretierungsstufe j
$\mathbf{b}^\top$	**b** transponiert

Zusammenfassung

Die Fahrgeschwindigkeit von Kraftfahrzeugen hat einen großen Einfluss auf die Entstehung von Fußgängerunfällen sowie die Verletzungsschwere der beteiligten Fußgänger. Bereits durch eine geringe Geschwindigkeitsreduzierung kann im urbanen Umfeld eine erhebliche Verkürzung des Reaktions- und Bremswegs erzielt werden.

Diese Arbeit beschreibt den Entwurf eines Fahrerassistenzsystems zur Steigerung der Sicherheit von Fußgängern im urbanen Umfeld. Es wird eine Assistenzfunktion vorgestellt, die durch eine situationsabhängige Geschwindigkeitsadaption das Unfallrisiko vermindert. Darüber hinaus sollen Mechanismen entwickelt werden, die durch kontrolliertes Abbremsen des Fahrzeugs bis zum Stillstand möglichen Kollisionen entgegenwirken. Dabei wird der Ansatz verfolgt, eine durch den Fahrer vorgegebene Wunschgeschwindigkeit vorausschauend auf Sicherheitskriterien zu überprüfen und die Fahrgeschwindigkeit gegebenenfalls anzupassen. Basierend auf dieser Idee wird eine Systemarchitektur erarbeitet, in der die Ermittlung einer sicherheitsoptimierten Geschwindigkeitstrajektorie als ganzheitlicher Optimierungsprozess betrachtet wird. Bei der Formulierung des Optimierungsproblems werden sicherheitsrelevante Umgebungsinformationen, beispielsweise die zulässige Höchstgeschwindigkeit und Informationen über Objekte, von welchen eine Kollisionsgefahr ausgeht, als Beschränkungen berücksichtigt.

Beim Systementwurf wird die Problematik einer geringen Fahrerakzeptanz für intelligente Geschwindigkeitsassistenten aufgegriffen, die die Fahrgeschwindigkeit „hart" auf die zulässige Höchstgeschwindigkeit beschränken. Mit dem Ziel eine hohe Fahrerakzeptanz zu erzielen, wird durch die Einführung „weicher" Beschränkungen eine zur Laufzeit parametrierbare, variable Eingriffsintensität realisiert. Dadurch kann in Verkehrssituationen mit geringem Gefahrenpotential eine Überschreitung von Beschränkungen, beispielsweise der zulässigen Höchstgeschwindigkeit, ermöglicht werden.

Neben dem Entwurf der Assistenzfunktion wird auf deren prototypische Implementierung eingegangen. Besonders die gestellte Anforderung von kurzen Latenzzeiten führt bei der Echtzeitlösung des Optimierungsproblems zu großen Herausforderungen. Abschließend wird die Assistenzfunktion anhand einer repräsentativen Probandenstudie im Stuttgarter Fahrsimulator untersucht. Dabei wird insbesondere der Einfluss der parametrierbaren Eingriffsintensität auf das Akzeptanz-Nutzen Verhältnis untersucht. Hierbei wurde festgestellt, dass die Durchschnittsgeschwindigkeit der Probanden mit zunehmender Eingriffsintensität abnimmt, während die Fahrerakzeptanz bei mittelstarken Eingriffsintensitäten ein Maximum aufweist. In einer Auswertung der im Verlauf der Studie durchgeführten Notbremsmanöver wird die mithilfe der kombinierten Geschwindigkeits- und Notbremsassistenz erreichte Verkürzung des Anhaltewegs auf bis zu 54 % geschätzt.

Abstract

The occurence of pedestrian traffic accidents as well as the injury severity of pedestrians is highly correlated with the velocity of involved vehicles. Even a small decline in vehicle velocity leads to a considerable reduction in reaction and braking distance.

This thesis describes a driver assistance system, designed to improve pedestrian safety in urban environments. Therefore we seek to develop a system which implements a situation-dependent velocity adaption, minimizing the risk of potential traffic accidents. Moreover, we present mechanisms which implement situation-aware emergency breaking maneuvers to reduce the risk of potential collisions. In the presented approach the desired travelling velocities are evaluated with respect to safety requirements of the road section ahead. Based on this idea, a system architecture is developed, in which the determination of a safety-optimized velocity trajectory is considered as a holistic optimization process. Within the formulation of the optimization problem, safety-related environment information is considered. Examples of such entities are legal speed limits or dynamic objects posing a collision risk within a certain prediction horizon.

Intelligent speed assistants enforcing „hard" constraints on driving velocity result in a low degree of user-acceptance. Thus, one key objective is the implementation of a balanced interplay of user-acceptance and safety mechanisms. Therefore the introduction of „soft" constraints enable a variable degree of intervention, which is parameterizable during runtime. Thus, enforcement of constraints, for example the maximum velocity, can be relaxed in situations with a low risk potential.

Besides the design of the assistance system, details of a prototypical implementation are given. Particularly the requirement of short latencies poses a challenge for the real-time implementation of the optimization problem. The assistance system is investigated by means of a representative simulator study in the Stuttgart Driving Simulator. In particular, the relationship between the parameterizable degree of intervention and the acceptance-usefulness ratio is analyzed. It was assessed that the average speed of the driver is decreasing with an increasing degree of intervention, while the user-acceptance of the proposed system is maximal at a medium degree of intervention. Within the study, we found that the presented combination of speed and emergency braking assistant reduces the distances required to fully stop the car in emergency situations by 54 %.

1 Einleitung und Motivation

Der Wunsch nach individueller Mobilität führt auf den Straßen Deutschlands und Europas zu einem stetig steigenden Verkehrsaufkommen. Besonders in Ballungsgebieten wird bis zum Jahr 2020 eine Zunahme der Gesamtfahrleistung von bis zu 20 % prognostiziert [1]. Mit ansteigendem Verkehrsaufkommen in urbanen Gebieten steigt unter anderem das Potential für Verkehrsunfälle mit Fußgängerbeteiligung an. Im Jahr 2011 war erstmals seit 1991 wieder eine Zunahme von Unfällen mit Fußgängerbeteiligung zu verzeichnen [2]. Das im selben Jahr von der Bundesregierung im Rahmen des Verkehrssicherheitsprogrammes erklärte Ziel ist eine Senkung der Unfalltoten im Zeitraum von 2011 bis 2020 um 40 %. Dabei kommt der Vermeidung von Unfällen mit Fußgängern besonders große Bedeutung zu [3, 4].

Vor dem Hintergrund einer nachhaltigen und umweltschonenden Mobilität soll zukünftig der Anteil an elektrisch angetriebenen Fahrzeugen gesteigert werden. Das 2011 im Rahmen des Regierungsprogramms „Elektromobilität" erklärte Ziel der Bundesregierung ist es, bis zum Jahr 2020 eine Million Hybrid- und Elektrofahrzeuge auf Deutschlands Straßen zu bringen [5]. Vor allem in urbanen Gebieten können durch den verbreiteten Einsatz von Elektrofahrzeugen die lokalen Emissionen von Feinstaub und Stickoxiden reduziert werden. In Bezug auf die Entwicklung der Unfallzahlen mit Fußgängern führt diese Entwicklung jedoch zu einer Steigerung des Unfallrisikos: Bedingt durch niedrige Geräuschemissionen sind Elektrofahrzeuge durch Fußgänger schlechter wahrnehmbar als konventionell angetriebene Fahrzeuge und werden daher leichter übersehen [6].

Neben infrastrukturellen Maßnahmen wie beispielsweise der Einrichtung neuer Fußgängerüberwege müssen auch fahrzeugseitig Maßnahmen zur Steigerung der Sicherheit von Fußgängern ergriffen werden. In den vergangenen Jahren wurde eine Reihe an Fahrerassistenzsystemen zur Steigerung der Verkehrssicherheit erforscht und zur Serienreife entwickelt. So bieten heute nahezu alle Fahrzeughersteller Notbremsassistenten zur Kollisionsvermeidung oder Systeme zur Verkehrszeichenerkennung im Mittel- und Oberklassesegment an. Um die Fußgängersicherheit weiter zu steigern, ist die Erforschung und Entwicklung neuartiger Systeme zur Vermeidung von Verkehrsunfällen mit Fußgängerbeteiligung notwendig.

© Springer Fachmedien Wiesbaden GmbH, ein Teil von Springer Nature 2018
T. Rothermel, *Ein Assistenzsystem für die sicherheitsoptimierte Längsführung von E-Fahrzeugen im urbanen Umfeld*, Wissenschaftliche Reihe Fahrzeugtechnik Universität Stuttgart, https://doi.org/10.1007/978-3-658-23337-2_1

In den folgenden Abschnitten werden die Einflussfaktoren auf die Fußgänger-sicherheit im Straßenverkehr analysiert sowie bestehende Ansätze zur Reduzierung von Fußgängerunfällen sowie deren Wirkweise vorgestellt und analysiert. Auf dieser Grundlage wird der weitere Forschungsbedarf ermittelt, um später die Anforderungen an das im Rahmen dieser Arbeit vorgestellte Assistenzsystem für die sicherheitsoptimierte Längsführung von E-Fahrzeugen im urbanen Umfeld abzuleiten.

1.1 Einflussfaktoren auf die Fußgängersicherheit im Straßenverkehr

In diesem Abschnitt werden Einflussfaktoren auf die Sicherheit von Fußgängern im Straßenverkehr aufgezeigt. Hierzu wird zunächst das Unfallgeschehen mit Fußgängerbeteiligung der letzten Jahre hinsichtlich ihrer Ursachen und örtlicher Gegebenheiten analysiert. Neben den Größen, die Einfluss auf die Entstehung von Unfällen haben, werden anschließend auch Einflussgrößen auf die Schwere von Fußgängerunfällen betrachtet. Schließlich werden mögliche Maßnahmen zur Steigerung der Sicherheit von Fußgängern abgeleitet.

1.1.1 Entwicklung der Unfälle mit Fußgängerbeteiligung

Basierend auf den im Jahr 2016 veröffentlichten Daten des Statistischen Bundesamtes [2, 7] wurden in Anlehnung an [8] Verkehrsunfälle mit Fußgänger-beteiligung ausgewertet und analysiert.

In Abbildung 1.1 ist der Verlauf der jährlichen Anzahl von Unfällen mit Fußgängerbeteiligung seit 1991 dargestellt. Zwischen 1991 und 2015 war ein deutlicher Rückgang der Unfallzahlen um 34 % zu verzeichnen. Dieser Rückgang ist einerseits auf die vermehrte Integration aktiver und vor allem passiver Sicherheitssysteme zum Fußgängerschutz in moderne Fahrzeuge zurückzuführen, andererseits sorgte eine Optimierung der Verkehrswegeplanung für einen Rückgang von Fußgängerunfällen. Weiterhin ist zu bemerken, dass die von Fußgängern verursachten Unfälle in der betrachteten Zeitspanne um 57 % überproportional rückläufig waren. Auffällig ist vor allem aber die Tatsache, dass

im Zeitraum von 2010 bis 2015 kein signifikanter Rückgang der Fußgänger-
unfälle mehr verzeichnet werden konnte. Hier sind neue Ansätze gefragt um
längerfristig die national gesetzten Ziele zur Verringerung der Unfalltoten zu
erreichen [3].

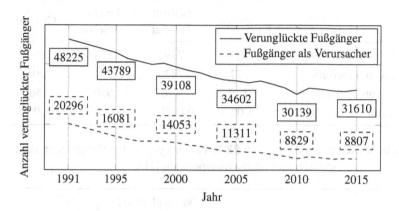

Abbildung 1.1: Entwicklung der Anzahl von Unfällen mit Fußgängerbeteiligung seit 1991 auf Basis von [2, 7]

Ein Ansatz ist die Entwicklung neuartiger Fahrerassistenzsysteme und deren
flächendeckende Integration in moderne Fahrzeuge. Mit der Verbreitung der
hierfür benötigten Sensor- und Aktuatortechnologie wird mittelfristig eine wirt-
schaftliche Integration entsprechender Systeme auch im Klein- und Mittelklas-
sesegment möglich sein.

Im Folgenden wird die Unfallstatistik des Jahres 2015 [2] in Bezug auf Unfälle
mit Fußgängerbeteiligung untersucht. Zunächst wird in Tabelle 1.1 die Schwere der sich 2015 ereigneten Fußgängerunfälle nach Ortslage analysiert. Demnach verunglückten auf Deutschlands Straßen im Jahr 2015 insgesamt 31610
Fußgänger. Dabei trugen sich über 95 % der Unfälle mit verletzten oder getöte-
ten Personen innerhalb geschlossener Ortschaften zu. Auffällig ist der, relativ
gesehen, geringere Anteil an innerorts tödlich verunglückten Fußgängern von
70 %. Dies ist auf die Tatsache zurückzuführen, dass mit den außerorts höheren
Fahrzeuggeschwindigkeiten im Falle eines Unfalls die Gefahr einer tödlichen
Verletzung von Fußgängern zunimmt (siehe Kapitel 1.1.2).

Mit dem Ziel Ansatzpunkte für ein fahrzeugseitiges aktives Assistenzsystem
zur Vermeidung von Fußgängerunfällen abzuleiten, werden im Folgenden Un-

Tabelle 1.1: Schwere von Unfällen mit Fußgängerbeteiligung im Jahr 2015 aufgeschlüsselt nach Ortslage [7]

	Verunglückte Fußgänger			
	Getötet	Schwer verletzt	Leicht verletzt	Gesamt
Verunglückte gesamt	537	7792	23281	31610
davon innerorts	377	7322	22345	30044
davon außerorts	160	470	936	1566
Anteil innerorts	70,02 %	94,00 %	96,00 %	95,05 %

Tabelle 1.2: Fehlverhalten von PKW-Fahrern gegenüber Fußgängern an verschiedenen Unfallschwerpunkten [2]

	Verunglückte Fußgänger			
	Getötet	Schwer verletzt	Leicht verletzt	Gesamt
Verungl. innerorts	377	7322	22345	30044
Fußgängerüberweg	28	995	3029	4052
beim Abbiegen	24	953	3190	4167
Haltestellen	5	205	615	825
andere Stellen	154	1730	6999	8883
Ant. Fußgängerüberw.	7,43 %	13,59 %	13,56 %	13,49 %
Ant. beim Abbiegen	6,37 %	13,02 %	14,28 %	13,87 %
Ant. Haltestellen	1,33 %	2,80 %	2,75 %	2,75 %
Ant. andere Stellen	40,85 %	23,63 %	31,32 %	29,57 %
Anteil an von PKW-Fahrern verschuldeten Fußgängerunfällen				59,67 %

fälle analysiert, die durch das Fehlverhalten eines PKW-Fahrers[1] verursacht wurden. Die Ergebnisse sind in Tabelle 1.2 dargestellt. Insgesamt wurden im Jahr 2015 30044 Unfälle mit Beteiligung von PKW und Fußgängern regis-

---

[1]   Aus Gründen der Lesbarkeit wird bei Personenbezeichnungen die männliche Form gewählt, es ist jedoch immer die weibliche Form mitgemeint.

triert. Dabei wurden insgesamt knapp 60 % dieser Unfälle durch PKW-Fahrer verschuldet. Der Hauptanteil dieser Unfälle ereignete sich an Fußgängerüberwegen (13,5 %) sowie beim Abbiegen (13,9 %). Ein relativ kleiner Anteil entfällt mit 2,75 % auf Haltestellen von öffentlichen Verkehrsmitteln (darunter z.B. auch haltende Busse mit eingeschalteter Warnblinkanlage). Der verbleibende Teil der von PKW-Fahrern verursachten Unfälle ereignete sich zu 29,57 % an sonstigen Stellen oder ist nicht kategorisierbar.

Die vorgestellten Daten machen deutlich, dass sich die meisten Unfälle mit Fußgängerbeteiligung innerorts ereignen. Der Großteil der Unfälle mit Fußgängerbeteiligung wird von PKW-Fahrern verschuldet. Viele der von PKW-Fahrern verschuldeten Unfälle wurden zudem an Stellen verzeichnet, an denen der Fußgänger eigentlich besonderen Schutz genießen sollte. Dies gilt vor allem an Fußgängerüberwegen (z.B. „Zebrastreifen") und Haltestellen.

1.1.2 Geschwindigkeit als Haupteinflussgröße auf das Unfallrisiko und die Schwere von Unfällen mit Fußgängerbeteiligung

Neben der Identifizierung unfallträchtiger Ortslagen spielen vor allem die Einflussfaktoren auf das Unfallrisiko sowie die Verletzungsschwere von Fußgängern bei Unfällen eine wichtige Rolle bei der Auslegung des Assistenzsystems: Primäres Ziel ist das Unfallrisiko durch das Assistenzsystem zu senken. Ist eine Kollision dennoch unvermeidbar, sollen zumindest die Unfallfolgen soweit wie möglich reduziert werden.

Die Fahrzeuggeschwindigkeit gilt als der größte Einflussfaktor auf das Unfallrisiko. Physikalisch bedingt steigt der Reaktionsweg des Fahrers mit zunehmender Geschwindigkeit proportional an. Weiterhin steigt der Bremsweg mit Zunahme der Geschwindigkeit quadratisch an. Als unmittelbare Folge erhöht sich das Unfallrisiko mit zunehmender Fahrzeuggeschwindigkeit. Da auch die kinetische Energie eines Fahrzeuges quadratisch abhängig von der Fahrzeuggeschwindigkeit ist, hat die Aufprallgeschwindigkeit einen großen Einfluss auf die beim Unfall entstehenden Verletzungen des Fußgängers [9].

In der Literatur gibt es einige Ansätze, mit denen die Beziehung zwischen Fahrgeschwindigkeit und Unfallwahrscheinlichkeit bzw. zwischen Aufprall geschwindigkeit und Verletzungsschwere quantifiziert werden sollen. Andersson et al. schlägt ein Potenzmodell vor, um die Änderung des Unfallrisikos in

Abhängigkeit der Änderung der Geschwindigkeit zu beschreiben [10, 11]. Das Potenzmodell ist wie folgt definiert:

$$\frac{\text{Unfälle nachher}}{\text{Unfälle vorher}} = \left(\frac{\text{Geschwindigkeit nachher}}{\text{Geschwindigkeit vorher}} \right)^p \qquad \text{Gl. 1.1}$$

Dabei ist der Wert des Exponenten p von der Schwere der zu betrachtenden Unfälle abhängig. Während in [10] ursprünglich lediglich ein Parametersatz von Potenzen für alle Straßentypen abgeleitet wurde, wird in [12] im Rahmen einer aktuellen statistischen Betrachtung eine Unterteilung in Landstraßen/Autobahnen und städtische Gebiete/Wohngebiete vorgenommen. Die entsprechenden Werte für die Exponenten sind in Tabelle A.1 im Anhang dargestellt. Beispielsweise ergibt sich für Unfälle innerorts mit Verletzung von Fußgängern ein Exponent von $p = 1,2$. Daraus ergibt sich beispielsweise für eine Reduzierung der Fahrgeschwindigkeit von 33 km/h auf 30 km/h eine Absenkung der Unfallwahrscheinlichkeit um rund 11 %.

Ashton und Mackay [13] veröffentlichten bereits in den 1970er Jahren Verteilungsfunktionen für die Berechnung des Zusammenhanges zwischen Aufprallgeschwindigkeit eines Fußgängers auf die Fahrzeugfront und der Wahrscheinlichkeit für das Erleiden einer schweren Verletzung bzw. einer Tötung. Die zugehörigen Kurven sind im linken Schaubild in Abbildung 1.2 dargestellt. Die Verteilungsfunktion für schwere Verletzungen (Ashton 1) zeigt bereits ab geringen Geschwindigkeiten von ca. 25 km/h einen starken Anstieg für die Wahrscheinlichkeit schwerer Verletzungen. Bei 50 km/h liegt die Wahrscheinlichkeit für das Auftreten schwerer Verletzungen bereits bei 90 %. Die Wahrscheinlichkeit für tödliche Verletzungen (Ashton 2) steigt ab einer Geschwindigkeit von 40 km/h stark an. So wird nach Ashton bei einer Aufprallgeschwindigkeit von 50 km/h der Fußgänger mit einer Wahrscheinlichkeit von 50 % tödlich verletzt. Davis hat, basierend auf den Daten von Ashton und Mackay, Formeln identifiziert, die die Wahrscheinlichkeit für einen tödlichen Ausgang von Fußgängerunfällen in Abhängigkeit der Aufprallgeschwindigkeit in drei Altersklassen (0-14 Jahre, 15-59 Jahre und älter als 60 Jahre) unterteilt [14].

In einer aktuelleren Studie werteten Rosén und Sanders die „German In-Depth Accident Study" (GIDAS) hinsichtlich Unfällen mit Fußgängerbeteiligung aus [15]. Dabei wird ebenfalls der Zusammenhang zwischen der Aufprallgeschwin-

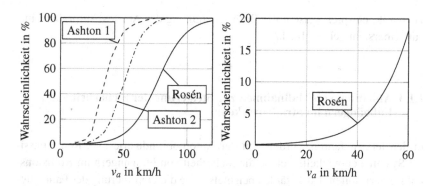

Abbildung 1.2: Zusammenhang zwischen Aufprallgeschwindigkeit und tödlichem Ausgang von Fußgängerunfällen [13, 15]

digkeit und der Wahrscheinlichkeit eines tödlichen Unfalls mithilfe von Gl. 1.2 identifiziert.

$$P(v_a) = \frac{1}{1 + \exp(6{,}9 - 0{,}09v_a)} \qquad \text{Gl. 1.2}$$

In Abbildung 1.2 ist der dementsprechende Zusammenhang grafisch dargestellt (Rosén). Im linken Schaubild ist die Kurve für einen Aufprallgeschwindigkeitsbereich von 0 bis 120 km/h dargestellt. Es ist zu erkennen, dass ab einer Aufprallgeschwindigkeit von größer als 50 km/h die Gefahr einer tödlichen Verletzung rapide zunimmt. Im rechten Schaubild ist eine Vergrößerung des Verlaufes im Bereich zwischen 0 und 60 km/h dargestellt, was dem Spektrum der innerorts gefahrenen Geschwindigkeiten entspricht. Auch wenn in einem Aufprallgeschwindigkeitsbereich zwischen 30 und 50 km/h die Wahrscheinlichkeit für eine tödliche Verletzung zwischen 2, 5 % und 10 % liegt, kann ein gewisses Potenzial zur Vermeidung tödlicher Unfälle erkannt werden. Es ist zu beachten, dass die angegebene Formel nur für Fußgänger ab einem Alter von 15 Jahren gültig ist. Weiterhin beruht der für die Identifizierung der Formel verwendete Datensatz lediglich auf deutschen Unfalldaten. Demzufolge ist davon auszugehen, dass das Risiko für einen tödlichen Ausgang eines Fußgängerunfalls in Ländern mit schlechterer notfallmedizinischer Versorgung höher liegt. Damit in Zusammenhang gebracht werden können auch Ergebnisse älterer Studien, z.B. jener von Ashton [13], bei denen die Wahrscheinlichkeit für das Auftreten tödlicher Unfälle, wie in Abbildung 1.2 zu erkennen, deutlich höher liegt. Es existieren einige weitergehende detaillierte Betrachtungen der

Thematik, beispielsweise unter Berücksichtigung der Art des Aufpralls. Eine gute Übersicht geben [16, 17].

1.1.3 Ableitung von Maßnahmen zur Steigerung der Sicherheit von Fußgängern im Straßenverkehr

In den letzten Jahren wurden von der Automobilindustrie eine Reihe passiver Systeme entwickelt, welche die Sicherheit von Fußgängern im Kollisionsfall steigern sollen. Dazu zählen beispielsweise die Optimierung der Fahrzeugfront, die Vergrößerung der Knautschzone durch aktives Anheben der Motorhaube sowie der Fußgänger-Airbag [18, 19]. Eine Integration passiver Sicherheitssysteme wurde in der EU für Fahrzeughersteller gesetzlich geregelt [20]. Dabei geht es jedoch vor allem um eine Reduzierung der Unfallfolgen durch die günstige konstruktive Gestaltung der Fahrzeugfront.

Die in Kapitel 1.1.2 vorgestellten Studien zeigen, dass die Fahrgeschwindigkeit einen sehr großen Einfluss auf das Unfallrisiko sowie die Verletzungsschwere der involvierten Fußgänger hat. Schon eine geringe Reduzierung des Geschwindigkeitsniveaus hat eine deutliche Absenkung des Unfallrisikos sowie der Verletzungsschwere der Fußgänger zur Folge. Diesem Umstand wird seit einiger Zeit in vielen europäischen Ländern mithilfe moderner Verkehrswegeplanung und angepassten Tempolimits Rechnung getragen [21, 22]. Außerdem wird vor allem modernen Fahrerassistenzsystemen zur Reduzierung der Fahrzeuggeschwindigkeit ein großes Potential zugesprochen.

1.2 Assistenzsysteme für die Steigerung der Fußgängersicherheit

Die Fortschritte in der Mikroelektronik und Sensortechnologie ermöglichten im letzten Jahrzehnt die sukzessive Integration von Fahrerassistenzsystemen in Ober- und Mittelklassemodellen der Fahrzeughersteller. In jüngster Zeit werden immer mehr Fahrzeuge im Kleinwagensegment mit Fahrerassistenzsystemen angeboten [23]. Diese Entwicklung wird in Zukunft zu einer weiten Verbreitung von Assistenzsystemen führen und hat das Potential zu einer größeren Sicherheit im Straßenverkehr beizutragen [24, 25].

Im Hinblick auf den Fußgängerschutz werden heutzutage hauptsächlich Notbremssysteme angeboten, die bei bevorstehender Kollision mit einem Fußgänger das Fahrzeug zum Stillstand bringen sollen. Durch den Einsatz solcher Systeme entsteht durch kürzere Reaktionszeiten und der schnellen Ansteuerung des Bremssystems eine deutliche Verkürzung des Bremsweges und damit eine Steigerung des Sicherheitspotentiales um bis zu 45 % [25].

Für die Unfallprävention stehen in vielen modernen Fahrzeugen sogenannte Geschwindigkeitsbegrenzer zur Verfügung, die vom Fahrer manuell auf eine Höchstgeschwindigkeit eingestellt werden müssen. Die eingestellte Höchstgeschwindigkeit kann dann nicht mehr überschritten werden. Die Integration eines Geschwindigkeitsbegrenzers war das erste Assistenzsystem, das bei der Bewertung durch das Euro NCAP Rating berücksichtigt wurde[2] [26]. Trotz der weiten Verbreitung dieses Systems bleibt es aufgrund der umständlichen Bedienung weitestgehend unbenutzt.

Seit den 2000er Jahren beschäftigen sich zahlreiche Forschungsarbeiten mit intelligenten Geschwindigkeitsassistenten („Intelligent Speed Assistant", kurz ISA). Hierbei handelt es sich um Assistenten, die den Fahrer dabei unterstützen sollen, die momentan geltende zulässige Höchstgeschwindigkeit nicht zu überschreiten. Die zulässige Höchstgeschwindigkeit wird hierfür aus digitalem Kartenmaterial oder mithilfe einer Verkehrszeichenerkennung ermittelt. Versucht der Fahrer die zulässige Höchstgeschwindigkeit zu überschreiten, greift das System ein. Die Intensität des Eingriffes ist systemabhängig und reicht von der optischen und akustischen Warnung des Fahrers bis hin zur automatischen Drosselung der Fahrzeuggeschwindigkeit. In Tabelle 1.3 werden verschiedene Eingriffsintensitäten definiert [27, 28].

Systeme mit unterschiedlichen Eingriffsintensitäten wurden in diversen Probandenstudien und Feldtests untersucht [29–31]. In einer sehr umfangreichen Untersuchung wurden in Schweden über einen Zeitraum von 11 Monaten umfangreiche Feldstudien mit 248 Fahrzeugen durchgeführt, die mit einem intervenierenden ISA ausgestattet waren [32, 33]. Dabei konnten über einen längeren Zeitraum die Durchschnittsgeschwindigkeiten und die Varianz der Geschwindigkeit gesenkt und damit das Sicherheitspotential gesteigert werden. Carsten und Tate schätzen bei der Verwendung von intervenierenden und abregelnden Systemen die Reduktion der Unfälle mit schwerverletzten und ge

---

[2] Anmerkung: Inzwischen werden auch Spurhalte- und Notbremsassistenten bei der Bewertung berücksichtigt.

Tabelle 1.3: Überblick über verschiedene Varianten von ISA Systemen [28]

Eingriffsin-tensität	Art des Feedback	Feedback
Informierend	Hauptsächlich visuell	Die zulässige Höchstgeschwindigkeit wird angezeigt und der Fahrer wird so auf Änderungen der zulässigen Höchstgeschwindigkeit hingewiesen.
Warnend	visuell/ akustisch	Der Fahrer wird bei Überschreitung der zulässigen Höchstgeschwindigkeit gewarnt. Der Fahrer entscheidet ob er daraufhin seine Geschwindigkeit anpasst.
Intervenierend	Haptisches Fahrpedal (mo-derates/geringes Force Feedback)	Der Fahrer erfährt bei Überschreitung der zulässigen Höchstgeschwindigkeit eine Gegenkraft am Fahrpedal. Wird die Gegenkraft überstimmt, ist es möglich die zulässige Höchst-geschwindigkeit zu überschreiten.
Abregelnd	Haptisches Fahrpedal (starkes Force Feedback)/ Abregelung	Das Fahrzeug wird auf die zulässige Höchstgeschwindigkeit gedrosselt. Der Fahrer erfährt eine starke Gegenkraft am Fahrpedal sobald die zulässige Höchstgeschwindigkeit erreicht wird.

töteten Personen auf 49 %. Für warnende Systeme wird eine Reduktion des Unfallrisikos von lediglich 18 % geschätzt [27].

Ein wichtiger Aspekt für die Verbreitung von ISA Systemen ist die Fahrerak-zeptanz. In den bisherigen Untersuchungen wurde für intervenierende ISA Sys-teme eine überwiegend negative Einstellung der Nutzer beschrieben [29]. Mor-sink spricht von einem „Akzeptanz gegen Nutzen" Paradoxon [34]. Er geht davon aus, dass die Fahrerakzeptanz mit steigender Eingriffsintensität (z.B. in-tervenierende und abregelnde Systeme) sinkt.

1.2.1 Weiterer Forschungsbedarf

Zur Senkung der Durchschnittsgeschwindigkeit werden in der Literatur vor allem die im vorherigen Kapitel vorgestellten ISA Systeme aufgeführt. Während seit einigen Jahren informierende ISA Systeme (z.B. Verkehrszeichenerkennung) in vielen Fahrzeugen verfügbar sind, sind intervenierende oder abregelnde ISA Systeme kaum verbreitet. Seit 2015 integrieren Volvo und Ford als erste Fahrzeughersteller abregelnde ISA Systeme in einzelne Fahrzeuge [35]. Trotz der technischen Realisierbarkeit und dem großen Potential zur Steigerung der Sicherheit im Straßenverkehr bleibt eine verbreitete Integration des Systems in aktuelle Fahrzeugmodelle aus. Als Hauptgrund ist die schlechte Vermarktbarkeit aufgrund des geringen „direkten" Kundennutzens anzunehmen. Die EU zieht in Erwägung, ab 2020 für neue Typprüfungen verschiedene Assistenzsysteme, die der Steigerung der Sicherheit dienen, darunter intervenierende und abregelnde ISA Systeme, verpflichtend zu machen [36]. Durch die verpflichtende Einführung von ISA Systemen soll eine deutliche Reduzierung der Unfallzahlen erreicht werden. Es wird aber auch darauf hingewiesen, dass die Nutzerakzeptanz bei der Einführung ein Problem darstellen könnte.

In den vorgestellten Untersuchungen wurde gezeigt, dass mit steigender Eingriffsintensität ein höherer Nutzen bei ISA Systemen zu erwarten ist [27]. Gleichzeitig sinkt mit steigender Eingriffsintensität die Fahrerakzeptanz. Alle dargestellten ISA Systeme haben eine konstante Eingriffsintensität. Um das Akzeptanz-Nutzen-Verhältnis zu optimieren, müssen neue Ansätze erforscht werden, die eine variable Eingriffsintensität erlauben. Auf diese Weise können neben der zulässigen Höchstgeschwindigkeit auch Bereiche mit erhöhtem Gefahrenpotential (Zebrastreifen, Schulwege etc.) einbezogen und die Eingriffsintensität entsprechend angepasst werden. Die aus der Literatur bekannten abregelnden ISA Systeme beschränken die Fahrzeuggeschwindigkeit hart auf die zulässige Höchstgeschwindigkeit. Lediglich eine Kickdown Funktion ermöglicht im Notfall die Überstimmung des Systems. Eine vorausschauende Geschwindigkeitsregelung könnte bereits vor dem Erreichen der zulässigen Höchstgeschwindigkeit „weich" in die Fahrzeuglängsführung eingreifen und so zu einer Steigerung des Komforts beitragen. Bei Änderungen der zulässigen Höchstgeschwindigkeit kann dann vorausschauend und rechtzeitig die Fahrgeschwindigkeit reduziert werden. Um die Fahrerakzeptanz zu steigern, kann dem Fahrer in Situationen mit geringem Gefahrenpotential eine Überschreitung der zulässigen Höchstgeschwindigkeit in einem gewissen Maße ermöglicht werden.

Die bisherigen Arbeiten betrachten jeweils isoliert den Nutzen von ISA Systemen. Das Potential einer integralen Nutzung von ISA Systemen in Kombination mit Notbremssystemen wurde bisher nicht betrachtet.

1.2.2 Zielsetzung der vorliegenden Arbeit

Das Ziel der vorliegenden Arbeit ist der Entwurf, die prototypische Implementierung und die Validierung einer Assistenzfunktion zur sicherheitsoptimierten Längsführung (SOL) eines Elektrofahrzeuges. Durch eine Senkung der Durchschnittsgeschwindigkeit soll vor allem die Sicherheit von Fußgängern gesteigert werden.

Im Vergleich zu den in diesem Kapitel vorgestellten ISA Systemen soll dabei keine feste Eingriffsintensität definiert werden, sondern diese in Abhängigkeit des aktuellen Gefahrenpotentials kontinuierlich angepasst werden. Dadurch wird eine höhere Fahrerakzeptanz für das System angestrebt. Die benötigten Umgebungsinformationen müssen dafür hinsichtlich ihrer Kritikalität bewertet und berücksichtigt werden.

Die Funktion soll neben statischen Umgebungsinformationen, wie der zulässigen Höchstgeschwindigkeit, auch dynamische Objekte, beispielsweise Fußgänger, berücksichtigen. Die Fahrgeschwindigkeit soll dabei derart angepasst werden, dass eine Kollision mit dynamischen Objekten möglichst vermieden werden kann. Falls nötig soll hierfür auch die mechanische Bremsanlage des Fahrzeugs eingesetzt werden. Der durch diese Anforderung definierte Notbremsassistent wird somit zum integralen Bestandteil der Assistenzfunktion.

Um rechtzeitig auf Änderungen im vorausliegenden Streckenabschnitt und auf dynamische Objekte reagieren zu können, muss die Funktion die Umgebungsbedingungen vorausschauend berücksichtigen. Dadurch wird sichergestellt, dass die Geschwindigkeit komfortabel und rechtzeitig vor Geschwindigkeitsübergängen angepasst werden kann. Nur so können unfallvermeidende Manöver rechtzeitig erkannt, geplant und durchgeführt werden.

Für die Interaktion zwischen Assistenzsystem und Fahrer muss eine geeignete Benutzerschnittstelle entworfen werden. Hierfür ist es sinnvoll neben optischen und akustischen Schnittstellen auch weitere Wege der Informationsübertragung, beispielsweise ein haptisches Fahrpedal, in Erwägung zu ziehen.

Nach dem Entwurf und der Implementierung des Assistenzsystems soll der Nutzen des Systems sowie die Fahrerakzeptanz untersucht werden. Dazu wird eine umfangreiche Probandenstudie im Stuttgarter Fahrsimulator durchgeführt. Die aus der Studie entstehenden Daten sollen hinsichtlich statistisch signifikanter Auswirkungen des Systems auf die Senkung der Fahrzeuggeschwindigkeit und damit den objektiven Nutzen untersucht werden. Die Fahrerakzeptanz spielt für die Durchsetzung von Assistenzsystemen mit Eingriff in die Fahrzeuglängsführung und deren Nutzung eine wichtige Rolle. Daher wird bei der Auswertung der in der Studie entstandenen Daten die Fahrerakzeptanz in Zusammenhang und mit dem objektiven Nutzen gebracht.

1.3 Aufbau der vorliegenden Arbeit

Im folgenden Kapitel 2, werden die für die Entwicklung des Systems benötigten Grundlagen und Methoden vorgestellt. Unter anderem werden Grundlagen der Fahrzeugführung sowie die im Rahmen dieser Arbeit verwendeten Reglerkonzepte, allen voran die *modellprädiktive Regelung*, erläutert. Da die Untersuchung der SOL in Fahrsimulatorversuchen ein wesentlicher Bestandteil dieser Arbeit ist, widmet sich das Kapitel auch den im Fahrzeugentwicklungsprozess zunehmend eingesetzten *virtuellen Testmethoden*.

In Kapitel 3 werden die für die SOL entwickelte Systemarchitektur sowie die darin enthaltenen Komponenten erklärt. Als Kernstück des Systems wird insbesondere auf den Entwurf der für die Trajektorienoptimierung und -regelung eingesetzten modellprädiktiven Längsdynamikregelung eingegangen. Weiterhin wird die Mensch-Maschine Schnittstelle entworfen sowie auf die Realisierung der SOL im Stuttgarter Fahrsimulator eingegangen.

Mit dem Ziel den Einfluss der Eingriffsintensität auf die Fahrerakzeptanz und den Nutzen des Assistenzsystems zu untersuchen, wird in Kapitel 4 eine Potentialanalyse für die SOL vorgestellt. Für die Durchführung einer umfangreichen Probandenstudie im Stuttgarter Fahrsimulator werden zunächst die Studienziele definiert und ein Versuchsplan erstellt. Schließlich werden die in der Probandenstudie erhobenen Daten analysiert und bewertet.

In einem abschließenden Kapitel werden die Inhalte und die wesentlichen Ergebnisse dieser Arbeit zusammengefasst und ein Ausblick für die Optimierung und Weiterentwicklung der SOL gegeben.

2 Grundlagen und Methoden

In diesem Kapitel wird eine Übersicht über die im weiteren Verlauf dieser Arbeit verwendeten Technologien und Methoden gegeben. Um Anforderungen an die SOL auf funktionaler Ebene abzuleiten wird zunächst auf die Grundlagen der Fahrzeugführung eingegangen. Anschließend wird die sicherheitsoptimierte Längsführungsassistenz in den Kontext der aktuellen Entwicklungen auf dem Gebiet der Fahrerassistenz und teilautonomen Fahrfunktionen gesetzt. Da der Absicherung solch komplexer elektronischer Fahrzeugsysteme eine große Bedeutung zukommt, werden nachfolgend Testmethoden vorgestellt, mit denen neben reinen Systemtests auch der Fahrer einbezogen und damit Fahrbarkeit und Fahrerakzeptanz erhoben sowie der Systemnutzen abgeschätzt werden kann. Der Fahrsimulation in dynamischen Fahrsimulatoren wird dabei besondere Aufmerksamkeit geschenkt und als Beispiel der Stuttgarter Fahrsimulator vorgestellt. Da die SOL für ein Batterieelektrisches Fahrzeug (BEV) ausgelegt wird, wird schließlich auf die Funktionsweise sowie die Komponenten von BEV-Antriebssträngen eingegangen.

2.1 Grundlagen der Fahrzeugführung

Die Teilnahme am Straßenverkehr ist eine komplexe Überwachungs- und Regelungsaufgabe, die hohe kognitive und motorische Anforderungen an den Fahrer stellt. Zunehmend werden Fahrerassistenzsysteme entwickelt, die dem Fahrer Teile der Fahraufgabe abnehmen und diesen dadurch entlasten sollen. Für die Konzipierung und Gestaltung derartiger Systeme muss die Fahraufgabe ganzheitlich im Kontext von Fahrer, Fahrzeug und Umwelt betrachtet werden. Neben allgemeinen Modellen für zielgerichtete Handlungen des Menschen bei der Interaktion mit technischen Systemen [37] wurden bereits seit den 1970er Jahren sogenannte Fahrerverhaltensmodelle erforscht [38–40].

Eine heute weit verbreitete Darstellung der Fahraufgabe aus Ingenieurssicht ist die von Donges vorgestellte Drei-Ebenen-Hierarchie [41]. Diese beschreibt neben der eigentlichen Fahraufgabe auch die Zusammenhänge mit dem Fahrzeug und der vom Fahrer wahrgenommenen Umgebung. Die Drei-Ebenen-

© Springer Fachmedien Wiesbaden GmbH, ein Teil von Springer Nature 2018
T. Rothermel, *Ein Assistenzsystem für die sicherheitsoptimierte Längsführung von E-Fahrzeugen im urbanen Umfeld*, Wissenschaftliche Reihe Fahrzeugtechnik Universität Stuttgart, https://doi.org/10.1007/978-3-658-23337-2_2

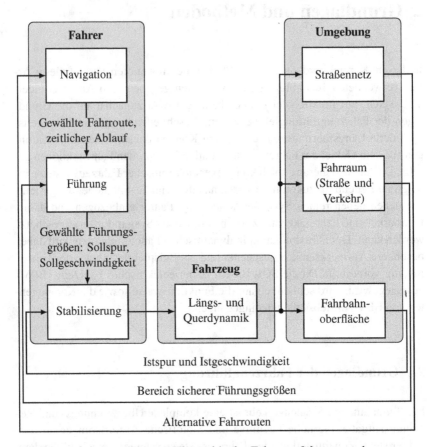

Abbildung 2.1: Drei-Ebenen-Hierarchie der Fahrzeugführung nach
               Donges [41]

Hierarchie ist in Abbildung 2.1 dargestellt. Die oberste Hierarchieebene ist die Navigationsebene. Der Fahrer plant auf dieser Ebene die Fahrroute im verfügbaren Straßennetz im Sinne einer möglichst effizienten Erfüllung der Transportaufgabe. Informationen wie Verkehrsaufkommen oder Baustellen aber auch Fahrspaß- und Komfortaspekte können in diese Planung einfließen. Normalerweise wird die Route einmal zu Beginn der Fahrt geplant, jedoch können Änderungen der Rahmenbedingungen zur Neuplanung auf der Navigationsebene führen. Die in der Navigationsebene gewählte Fahrroute und der dafür eingeplante zeitliche Verlauf werden dann eine Hierarchieebene tiefer, in der Führungsebene, als Zielgrößen für die Führung des Fahrzeugs im Fahrraum verwendet. Hier sind vor allem die kognitiven Fähigkeiten des Fahrers für die Ermittlung des verfügbaren Fahrraums in der aktuellen Verkehrssituation (abhängig von Straße, Hindernissen und anderen Verkehrsteilnehmern) erforderlich. Basierend auf dem verfügbaren Fahrraum wird eine Trajektorie (Geschwindigkeits- und Spurverlauf) so gewählt, dass auch das auf Navigationsebene definierte, globale Ziel erreicht wird. Schließlich wird das Fahrzeug auf Stabilisierungsebene entlang der Solltrajektorie bewegt.

Für die Auslegung von technischen Systemen, die einen oder mehrere Teile der Fahraufgabe übernehmen sollen, spielen die in den unterschiedlichen Hierarchieebenen benötigten Zyklenzeiten eine wichtige Rolle. Diesen soll deshalb besondere Aufmerksamkeit geschenkt werden: Aufgaben auf Navigationsebene können im Zeitbereich zwischen der gesamten Fahrtdauer und, bei sich während der Fahrt ändernden Strecken- oder Verkehrsbedingungen, wenigen Minuten liegen. Die Zykluszeit der Aufgaben auf der Führungsebene hingegen ist in Abhängigkeit der Komplexität der Strecke und der Verkehrssituation meist kleiner als eine Minute. Auf Stabilisierungsebene sind die Zyklenzeiten unter anderem abhängig von der Eigendynamik des zu regelnden Systems (Längs- oder Querdynamik), befinden sich aber in jedem Falle im Bereich von deutlich unterhalb einer Sekunde [42]. Eine ausführliche Übersicht dazu und zum Thema Verhaltens- und Fahrermodelle gibt [43].

2.2 Fahrerassistenzsysteme und autonome Fahrfunktionen

In modernen Fahrzeugen findet sich eine Vielzahl von technischen Systemen zur Steigerung der Sicherheit und des Fahrkomforts. Systeme zur Fahrdynamikregelung auf Stabilisierungsebene, beispielsweise das Antiblockiersystem (ABS) oder das Elektronische Stabilitätsprogramm (ESP), sind heute serienmäßig in allen Neufahrzeugen vorhanden. Aber auch Fahrerassistenzsysteme auf Führungsebene, wie der Abstandsregeltempomat (ACC) oder der Spurhalteassistent (LKS), tragen heutzutage häufig vor allem in Mittel- und Oberklassefahrzeugen zu einem erhöhten Fahrkomfort bei.

Die aktuelle Entwicklung zeigt einen eindeutigen Trend hin zur weiteren Automatisierung einzelner Fahrfunktionen, bis hin zur vollständig automatisierten Fahrt. Basierend auf bereits etablierten Fahrerassistenzsystemen werden mit fortschreitender Zeit kontinuierlich automatisierte Funktionen weiterentwickelt und zur Marktreife gebracht. Dadurch werden Autofahrer Schritt für Schritt an die Automatisierung herangeführt [44]. Um eine einheitliche Begriffsdefinition bei der Entwicklung automatisierter Fahrfunktionen zu schaffen, hat das Bundesanstalt für Straßenwesen (BASt), neben der manuellen Fahrt, vier Automatisierungsgrade definiert [45]. In den Automatisierungsgraden sind jeweils sowohl die Systemeigenschaften auf funktionaler Ebene, als auch die Verantwortungsbereiche von Fahrer und Automatisierungssystem definiert. Basierend auf der von der BASt vorgeschlagenen Definition wurde von der Society of Automotive Engineers (SAE) die Norm „J3016: Taxonomy and Definitions for Terms Related to Driving Automation Systems for On-Road Motor Vehicles" [46] erarbeitet. Diese definiert zusätzlich einen 5. Automatisierungsgrad für das vollautomatisierte und fahrerlose Fahren. Eine Übersicht über die Automatisierungsstufen 0 − 4 ist in Abbildung 2.2 dargestellt. In Auto-

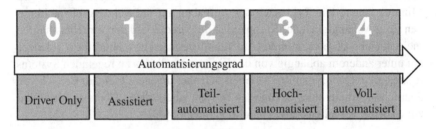

Abbildung 2.2: Übersicht über die Automatisierungsstufen des BASt [45]

matisierungsstufe 0 übernimmt der Fahrer die volle Fahrzeugführung. Warnende und nicht in die Fahrzeugführung eingreifende Systeme (z.B. Spurverlassenswarner (LDW)) können jedoch vorhanden sein. In Automatisierungsstufe 1, dem assistierten Fahren, wird entweder die Fahrzeuglängs- oder Querführung zeitweise von einem technischen System übernommen. Dabei muss der Fahrer das System sowie die Umgebung überwachen und nötigenfalls eingreifen. Beispiele sind das ACC oder der LKS. Bei teilautomatisierten Fahrfunktionen (Automatisierungsstufe 2) übernimmt das Automatisierungssystem zeitweise sowohl die Längs- als auch die Querführung des Fahrzeuges. Der Fahrer ist weiterhin für die Überwachung des Systems und, falls notwendig, die Übernahme der Fahrzeugführung verantwortlich. In Automatisierungsstufe 3, dem hochautomatisierten Fahren, übernimmt das System zeitweise die Längs- und Querführung des Fahrzeuges. Der Fahrer muss das System währenddessen nicht überwachen. Systemgrenzen werden vom System erkannt und der Fahrer bei Bedarf mit ausreichender Zeitreserve zur Übernahme aufgefordert. Bei einer Vollautomatisierung (Automatisierungsstufe 4) übernimmt das System in einem definierten Anwendungsfall die komplette Fahrzeugführung. Das System muss währenddessen vom Fahrer nicht überwacht werden. Vor dem Verlassen des Anwendungsfalles wird der Fahrer rechtzeitig zur Übernahme der Fahrzeugführung aufgefordert. Erfolgt keine Übernahme, ist das System in allen Situationen in der Lage, das Fahrzeug in einen risikominimalen Zustand zu überführen.

Die im Rahmen dieser Arbeit vorgestellte SOL (Kapitel 3) ist in Abhängigkeit der Eingriffsintensität in den Automatisierungsstufen 0 bis 1 einzuordnen. Das System ist in der Lage zeitweise die Fahrzeuglängsführung zu übernehmen. Dies geschieht vor allem bei der Überschreitung der zulässigen Höchstgeschwindigkeit und in Notbremssituationen. Der Fahrer ist jederzeit verantwortlich für die Fahrzeugführung. Als besondere Eigenschaft des Systems ist jedoch die Möglichkeit eines „fließenden" Übergangs der Kontrollautorität zwischen Fahrer und Assistenzsystem hervorzuheben. Es gibt also keinen definierten Zeitpunkt, zu dem das Assistenzsystem die Regelung übernimmt. Vielmehr geschieht die Übergabe kontinuierlich. Für Assistenzsysteme wie diese, bei denen Fahrer und Regler „gemeinsam" eine Regelungsaufgabe übernehmen, wird häufig der Begriff „kooperative Regelung" verwendet.

2.2.1 Kooperative Regelung zwischen Mensch und Maschine

In momentan verfügbaren Assistenz- und Automatisierungssystemen wird die Regelung von Teilsystemen auf Führungsebene im Automobil entweder vom Fahrer oder vom Automatisierungssystem übernommen. Dabei entscheidet entweder der Fahrer, wann das entsprechende System aktiviert oder deaktiviert wird, oder das System fordert den Fahrer zum Eingriff auf. In Abbildung 2.3a ist die Wirkkette von Mensch und Automatisierungssystem für diesen Fall dargestellt. Beispiele für eine solche „entweder/oder" Struktur sind der Abstandsregeltempomat oder der Stauassistent. Mit zunehmendem Anstieg der Automatisierungsfunktionen wird auch an neuartigen Regelungskonzepten geforscht, in denen ein Automatisierungssystem und der Mensch gemeinsam und zur selben Zeit eine Regelungs- oder Führungsaufgabe übernehmen. In diesem Zusammenhang wurden die Begriffe „Shared Control" oder „kooperative Rege-

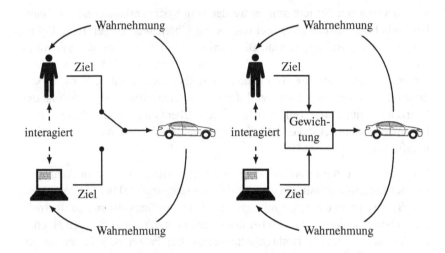

(a) „entweder/oder"   **(b)** Kooperative Regelung mit Gewich-
                                                  tung der Regelziele

Abbildung 2.3: Interaktion zwischen Mensch und Regler [47]

lung[3]" (engl. „Cooperative Control") geprägt [47, 48]. Die Signalflüsse einer
kooperativen Regelung sind in Abbildung 2.3b dargestellt: Sowohl der Bedie-
ner als auch das technische System verfolgen basierend auf ihrer jeweiligen
Wahrnehmung der Umgebung ein bestimmtes Ziel. Sowohl das Ziel des Bedie-
ners als auch das Ziel des technischen Systems fließen über eine entsprechende
Gewichtung gleichzeitig in die Regelung des Zielsystems ein. Beispielsweise wurden Methoden vorgeschlagen, in denen technische Systeme Defizite in
den Fähigkeiten der Nutzer ausgleichen sollen [49]. Griffiths untersuchte die
Auswirkungen von haptischem Feedback bei der simultanen Querführung eines Fahrzeuges durch Fahrer und Assistenzsystem und konnte die Qualität der
Querregelung deutlich steigern [48]. Für die Wahl einer kollisionsfreien und
möglichst sicheren Trajektorie verwendet Anderson eine Gewichtung aus Fah-
rereingabe und den Steuersignalen eines Modellprädiktiven Reglers [50].

---

[3]   Heutzutage wird der Begriff „kooperative Regelung" hauptsächlich im Kontext von ver-
      teilten und kooperierenden technischen Systemen (z.B. Car2Car, Multi-Agent-Systems)
      verwendet. Hier ist ausdrücklich die kooperative Regelung zwischen einem automatisier-
      ten System und dem Bediener des Systems gemeint.

In Bezug auf das automatisierte Fahren hat Flemisch als Beispiel für die kooperative Regelung zwischen Fahrer und (teil-) automatisiertem Fahrzeug die Horse-Metapher (h-Metapher) eingeführt [51]. Die h-Metapher ist in Abbildung 2.4 dargestellt. Sie stellt den Fahrer als Reiter eines Pferdes dar, die Fahr-

Abbildung 2.4: Darstellung der Horse-Methapher nach Flemisch [51]

zeugautomatisierung hingegen wird durch das Pferd repräsentiert. Zusammen ergänzen sich Reiter und Pferd zu einem Gesamtsystem, das eine definierte Aufgabe, in diesem Falle eine zielgerichtete, schnelle und sichere Fortbewegung, mit höherer Güte ausführen kann als die jeweiligen Teilsysteme Reiter und Pferd. Übersieht beispielsweise der Reiter ein unüberwindbares Hindernis und reitet auf dieses zu, wird das Pferd entweder rechtzeitig ausweichen oder zum Stehen kommen.

Kooperative Regelsysteme bringen große Herausforderungen bei der Systemauslegung und der Systemvalidierung mit sich: Verhält sich ein rein technisches Regelsystem weitestgehend deterministisch, ist dies mit der Einbindung des Menschen nicht mehr der Fall. Verschiedene Fähigkeiten, Kenntnisse, Verhaltensmuster, Angewohnheiten sowie unterschiedliche Herangehensweisen und Erwartungen des Menschen sorgen für eine große Varianz im Gesamtsystemverhalten. Aus diesem Grund spielt die Absicherung von Teil- und Gesamtsystemen bereits in frühen Entwicklungsphasen der Automobilentwicklung eine wichtige Rolle.

2.3 Virtueller Test von elektronischen Fahrzeugsystemen

Mit steigender Komplexität moderner Elektronik-, Regel- und Informationssysteme steigen auch Testumfänge in allen Entwicklungsphasen stark an. Vor
allem in frühen Entwicklungsphasen bringen Fahrversuche mit realen Ver-
suchsträgern einen hohen zeitlichen und finanziellen Aufwand mit sich, da zunächst Prototypen hergestellt und die benötigte Messtechnik in das Versuchsfahrzeug integriert werden müssen. Auch die Abbildung vieler verschiedener
Testfälle, für die eine bestimmte Umgebungssituation[4] notwendig ist, gestaltet
sich im realen Fahrversuch oftmals aufwändig und sehr zeitintensiv. Um den
Testprozess in frühen Entwicklungsstadien effizienter zu gestalten, sind seit
einiger Zeit virtuelle Testmethoden wesentlicher Bestandteil des Fahrzeugentwicklungsprozesses.

2.3.1 Hardware in the Loop Simulation

Für den Test von Teil- und Gesamtumfängen von Steuergerätesoft- und Hardware sind Hardware in the Loop Simulationen (HiL) fester Bestandteil des
Fahrzeugentwicklungsprozesses. Dabei werden Steuergeräte (engl. Electronic
Control Unit, kurz ECU), wie in Abbildung 2.5 dargestellt, an eine virtuelle
Umgebung angebunden, die das zu steuernde System simuliert. Die Simulation umfasst im Regelfall ein hinreichend genaues Fahrdynamikmodell. Gerade
für den Test von Fahrerassistenzsystemen und automatisierten Fahrfunktionen
werden aber auch Umfeld- und Sensormodelle benötigt, die die für die Funktionalität des Gesamtsystems benötigten Sensordaten bereitstellt. Weiterhin werden gegebenenfalls mithilfe eines Fahrermodells Steuereingaben des Fahrers
generiert. Alle Simulationen müssen in Echtzeit ablaufen, um das eingebun-
dene Steuergerät konsistent mit validen Daten versorgen zu können. Ist keine
Rückkopplung in die Fahrdynamik notwendig, kann eine ECU auch mit im
Realfahrzeug aufgezeichneten Sequenzen von Fahrdynamikgrößen und Sen-
sorwerten gespeist werden.

Der Einsatz von HiL Systemen ermöglicht eine weitgehende Testautomatisie-
rung. Neue Entwicklungsstände können durch die wiederholte Simulation von

---

[4] Als Umgebungssituation wird im Allgemeinen die Kombination aus Fahrbahnverlauf
und Fremdobjekten wie beispielsweise Fremdfahrzeugen oder Fußgängern bezeichnet.

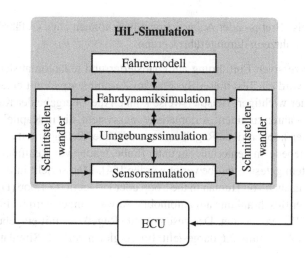

Abbildung 2.5: Prinzip der HiL Simulation

Manövern oder Sequenzen reproduzierbar getestet und damit Fehlerabstellungen kontrolliert werden. Weiterhin können unter der Voraussetzung eines hinreichend genauen Fahrdynamikmodells Systemgrenzen ausgelotet und Sensitivitätsanalysen für Parametersätze durchgeführt werden ohne Personen oder Versuchsträger in Gefahr zu bringen. Dies ermöglicht eine erhebliche Verkürzung der Entwicklungszeiten und eine Reduzierung der Entwicklungskosten.

2.3.2 Driver in the Loop: Testen in Fahrsimulatoren

Soll ein Fahrzeugsystem im Zusammenspiel mit dem Fahrer untersucht werden, bieten sich neben dem realen Fahrversuch auch die Durchführung virtueller Testfahrten an. Der Einsatz einer virtuellen Testumgebung mit Einbindung eines realen Fahrers ermöglicht die Erlebbarkeit und den Test von prototypischen Fahrzeugsystemen in allen Entwicklungsphasen [52, 53]. So kann eine Vielzahl an Systemvarianten in kurzer zeitlicher Abfolge getestet und verglichen werden, ohne diese als physikalischen Prototypen aufzubauen und vorzuhalten. Vorteile bestehen weiterhin in der Reproduzierbarkeit der dem Fahrer präsentierten Szenarien sowie der konsistenten Datenerhebung ohne den Einsatz von physikalischer Messtechnik. Potentiell gefährliche Situationen, wie beispielsweise Brems- oder Ausweichmanöver, können ohne Gefährdung von Fahrer oder Fahrzeug durchgeführt werden.

Mit der sukzessiven Einführung automatisierter und teilautomatisierter Fahrfunktionen wird ein Test dieser Systeme im Zusammenspiel mit einem realen Fahrer immer wichtiger: Beispielsweise können die Übergabe der Kontrollautorität vom Fahrer zu einem Automatisierungssystem, die in Kapitel 2.2.1 angesprochenen kooperativen Regelkonzepte oder die Verfügbarkeit des Fahrers als Rückfallebene im Fehlerfall, nur unter Einbeziehung von Realfahrern in das Gesamtsystem getestet und bewertet werden [54]. Man spricht in diesem Zusammenhang auch von Human in the Loop oder Driver in the Loop (DiL) Tests. Aufgrund der Beschränkung auf automobile Anwendungen wird im Folgenden der Begriff DiL verwendet. Der geschlossene Regelkreis mit eingebundenem Fahrer ist in Abbildung 2.6 dargestellt. Im Vergleich zur HiL Simulation steht

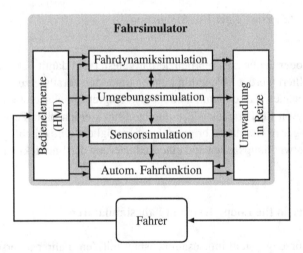

Abbildung 2.6: Prinzip der „Driver in the Loop" (DiL) Simulation

bei der DiL Simulation der Fahrer und dessen Interaktion mit einem Assistenz- oder Automatisierungssystem im Fokus der Untersuchungen. Die eigentliche Automatisierungs-/Assistenzfunktion ist innerhalb der Simulationsumgebung über ein Steuergerät oder softwareseitig über ein Echtzeitsystem eingebunden. Dabei ist häufig eine auf das Testszenario abgestimmte prototypische Realisierung des Systems ausreichend. Um den Fahrer in die Simulation einzubinden, müssen diesem geeignete Schnittstellen zur intuitiven und realitätsnahen Aufnahme von Informationen aus der Simulationsumgebung sowie zur Eingabe von Steuerbefehlen gegeben werden.

Für die Realisierung von DiL Simulationen für virtuelle Testfahrten werden Fahrsimulatoren unterschiedlicher Bauart eingesetzt [55]. Ziel der Fahrsimulatoren ist eine Einbindung des Fahrers in die virtuelle Umgebung. Hierzu müssen dem Fahrer die bei Führung eines Fahrzeugs auftretenden Sinneseindrücke ausreichend detailliert und konsistent präsentiert werden. Die wichtigsten dieser Sinneseindrücke sind [56]:

- **Visuell:** Für die visuelle Wahrnehmung der Umgebung müssen dem Fahrer Informationen der virtuellen Realität in optischer Form bereitgestellt werden. Zu diesen Informationen gehören beispielsweise der Straßenverlauf, die Position und die Geschwindigkeit von Fremdobjekten (Fußgänger, Fahrzeuge etc.). Für die Darstellung auf optischen Anzeigegeräten müssen die benötigten Daten aus der Simulationsumgebung extrahiert und in Grafikengines gerendert werden. In modernen Simulatoren kommen als optische Anzeigegeräte Monitore, Projektionsanlagen oder Augmented/Virtual-Reality (AR/VR) Brillen zum Einsatz.

- **Auditiv:** Für ein realistisches Fahrgefühl spielen die beim Autofahren auftretenden Geräusche eine wichtige Rolle. Vor allem die Güte des Geschwindigkeitseindrucks hängt stark von den vom Eigenfahrzeug erzeugten Motor-, Wind- und Abrollgeräuschen ab. Aber auch die Darstellung der von Fremdverkehr verursachten Geräusche spielt eine wichtige Rolle. Für die Darstellung der auditiven Informationen kommen idealerweise Mehrkanal-Lautsprecheranlagen zum Einsatz, die eine räumliche Darstellung der Geräusche zulassen.

- **Vestibulär/Taktil:** Durch die Fahrbewegung treten beim Autofahren Beschleunigungen und Drehraten auf. Diese werden vom Mensch über das vestibuläre System (Gleichgewichtsorgan im Innenohr) sensiert und wahrgenommen. Weiterhin werden über sogenannte Mechanosensoren in der menschlichen Haut Berührungen und Drücke wahrgenommen. Wird beispielsweise ein Fahrer durch die Beschleunigung des Fahrzeuges in den Fahrersitz gedrückt, wird die Beschleunigung über das Gleichgewichtsorgan wahrgenommen, gleichzeitig wird am Rücken über das taktile System ein Druck sensiert. Für die Darstellung von Beschleunigungen müssen Aktuatorsysteme eingesetzt werden, die eine Bewegung des Fahrers ermöglichen.

Für ein realistisches Fahrgefühl müssen dem Fahrer die oben genannten Reize möglichst konsistent präsentiert werden. Ist dies nicht der Fall, kann die Folge das Auftreten von Simulatorkrankheit (Unwohlsein, Übelkeit,...) sein [57, 58].

Aktuell wird eine Vielzahl unterschiedlicher Bauformen für Fahrsimulatoren eingesetzt. Statische Fahrsimulatoren beschränken sich auf die Darstellung visueller und auditiver Informationen. Insbesondere für Untersuchungen im Bereich Fahrerassistenzsysteme und automatisiertes Fahren ist jedoch die Darstellung von vestibulären und taktilen Reizen enorm wichtig. Bereits geringe Beschleunigungen und Drehbewegungen geben dem Fahrer bei einem Systemeingriff ein direktes Feedback, welches durch eine rein visuelle Darstellung nicht wahrnehmbar wäre. Auch wenn sich Fahrer beim automatisierten Fahren Nebentätigkeiten zuwenden, ist die Wahrnehmung von Beschleunigungen und Drehraten die einzige Möglichkeit die Bewegung des Fahrzeuges nachzuvollziehen und möglicherweise eine Gefahrensituation zu erkennen.

Um eine Darstellung von Beschleunigungen und Drehraten zu ermöglichen, werden sogenannte Moving-Base-Fahrsimulatoren verwendet. Diese verfügen über ein Bewegungssystem, das mithilfe von geeigneten Motion-Cueing-Algorithmen eine skalierte Darstellung der in der Fahrdynamiksimulation auftretenden Beschleunigungen und Drehraten ermöglicht. Als Beispiel für einen solchen Fahrsimulator wird im folgenden Kapitel der Stuttgarter Fahrsimulator vorgestellt.

2.3.3 Der Stuttgarter Fahrsimulator

Die in dieser Arbeit vorgestellte Simulatorstudie wurde am Stuttgarter Fahrsimulator durchgeführt. Der Stuttgarter Fahrsimulator wurde von der Universität Stuttgart und dem FKFS mit Unterstützung des Bundesministerium für Bildung und Forschung (BMBF) und des Ministeriums für Wissenschaft, Forschung und Kunst (MWK) Baden-Württemberg erbaut und 2012 in Betrieb genommen [59, 60].

Der Fahrsimulator besteht aus einer in Leichtbauweise hergestellten Fahrsimulatorkuppel, die ein Fahrzeugmockup in voller Größe aufnehmen kann. Dieses Fahrzeugmockup besteht aus Karosserie und Interieur eines Serienfahrzeuges. Aus dem eingesetzten Fahrzeug wurden der Antriebsstrang und das Fahrwerk entfernt und die Karosserie mechanisch fest mit der Kuppel verbunden. Die

Abbildung 2.7: Der Stuttgarter Fahrsimulator

Bedien- und Anzeigeelemente sind über eine Restbussimulation an die Fahrsimulatorumgebung angebunden. Weiterhin kann das Fahrzeugmockup über ein Fahrzeugwechselsystem getauscht werden. Eine einheitliche mechanische und elektronische Schnittstellendefinition ermöglicht dabei eine einfache Einbindung neuer Mockups.

Innerhalb der Fahrsimulatorkuppel übernimmt eine Projektionsanlage mit 12 Grafikkanälen die visuelle Darstellung der Umgebung. Über 9 dieser Kanäle wird dem Fahrer eine 270° Frontprojektion präsentiert. Die drei verbleibenden Kanäle übernehmen die Projektion von Rück- und Außenspiegeln. Insgesamt stehen dem Fahrer nahezu 360° Sichtfeld zur Verfügung.

Die Darstellung der beim Autofahren auftretenden Geräusche erfolgt über ein Mehrkanal-Lautsprechersystem mit insgesamt 6 Lautsprechern innerhalb der Kuppel und des Fahrzeugmockups. Eine am IVK eigens entwickelte Soundsimulation sorgt für eine realistische Darstellung der von Motor-, Fahrtwind und Reifen erzeugten Geräusche sowie der vom Fremdverkehr ausgehenden Geräusche [61]. Um die beim Fahren durch Fahrbahnanregungen hervorgerufenen Geräusche und Vibrationen darzustellen, versetzt ein Vibrationssystem den Fahrzeugboden sowie die Lenksäule in Schwingung.

Die Fahrsimulatorkuppel kann über ein Bewegungssystem mit 8 Freiheitsgraden im Raum bewegt werden. Das Bewegungssystem besteht aus einem Hexapod, der auf einem Schienensystem angebracht ist. Der Bewegungsraum beträgt 7 m in Querrichtung und 10 m in Längsrichtung. Mittels geeigneter Motion-Cueing-Methoden können mithilfe des Bewegungssystems die beim Autofahren auftretenden Beschleunigungen und Drehraten skaliert dargestellt werden [56, 62, 63].

Durch die Kombination der vorgenannten Systeme zur Darstellung der auf den Menschen beim Autofahren einwirkenden Reize entsteht ein sehr realitätsnaher Fahreindruck, der für ein realitätsnahes Verhalten des Fahrers nötig ist.

Die Ansteuerung der Systemkomponenten des Fahrsimulators erfolgt über ein modulares und verteiltes Rechnerkonzept. Die Kommunikation erfolgt über definierte Schnittstellen. Dies ermöglicht den einfachen und schnellen Austausch einzelner Komponenten sowie eine einfache Integration neuer Systemkomponenten wie beispielsweise Fahrerassistenzsysteme. Um einen konsistenten Betrieb und kurze Latenzzeiten zu gewährleisten, werden an die im System enthaltenen Komponenten harte Echtzeitanforderungen gestellt.

Standardmäßig kommt im Stuttgarter Fahrsimulator zur Umgebungssimulation „Virtual Test Drive" (VTD) des Herstellers Vires zum Einsatz. VTD stellt eine Werkzeugkette von der Strecken- und Szenarienerstellung bis hin zur echtzeitfähigen Grafikdarstellung und Sensorsimulation zur Verfügung. Dabei kommen durchgängig offene Standards wie OpenDRIVE, OpenCRG und OpenScenario zum Einsatz [64]. Als Fahrdynamiksimulation können sowohl auf Echtzeithardware lauffähige generische Modelle als auch kommerzielle Lösungen, beispielsweise Tesis Dynaware Vedyna oder IPG CarMaker eingesetzt werden.

Die prototypische Realisierung von Fahrerassistenzsystemen kann entweder innerhalb der Fahrdynamiksimulation oder auf echtzeitfähigen Rechnern bzw. Rapid-Prototyping Systemen implementiert und dann in die Simulationsumgebung eingebunden werden. Im Rahmen dieser Arbeit kommt ein Linux-System mit Xenomai Realtime-Patch zum Einsatz (siehe Kapitel 3.6.1). Dies ermöglicht den Einsatz moderner Prozessoren (CPUs) bei gleichzeitig harter Echtzeitfähigkeit [65].

2.4 Fahrdynamische Grundlagen

Als Basis für die im Rahmen der vorliegenden Arbeit verwendeten Simulations- und Prädiktionsmodelle werden in diesem Kapitel die zugrundeliegenden fahrdynamischen Grundlagen beschrieben. Da die SOL eine Assistenzfunktion zur Regelung der Fahrzeuglängsgeschwindigkeit ist, konzentriert sich dieser Abschnitt auf die Komponenten, die Einfluss auf die Fahrzeuglängsdynamik haben.

Die Längsdynamik des Fahrzeuges wird durch eine Bilanzierung der am Fahrzeug angreifenden Kräfte (siehe Abbildung 2.8) beschrieben [66]. Im Wesentlichen sind dies die Summe der Fahrwiderstände F_w, die Summe der an den Antriebsrädern anliegenden Kräfte F_a und die Bremskraft F_b. Die zeitabhängige Änderung der Fahrzeuggeschwindigkeit ergibt sich damit zu:

$$\frac{\mathrm{d}v_x(t)}{\mathrm{d}t} = f_{v_x}(v_x(t), \alpha(t), F_a(t), F_b(t))$$

$$= \frac{1}{mk_m}(F_a(t) + F_b(t) - F_w(\alpha(t), v_x(t))) \qquad \text{Gl. 2.1}$$

Die Fahrwiderstände sind im Wesentlichen abhängig von der Fahrzeuglängsgeschwindigkeit v_x und der Fahrbahnsteigung α. Weiterhin wird als Ersatzgröße für die im Antriebsstrang entstehenden rotatorischen Massenträgheiten ein Massenfaktor[5] k_m berücksichtigt [66]. Im Folgenden werden die in Gl. 2.1 enthaltenen, auf das Fahrzeug wirkenden Kräfte beschrieben und deren Entstehung näher betrachtet.

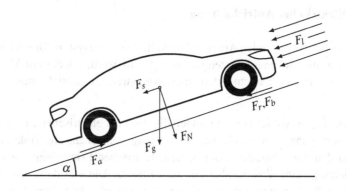

Abbildung 2.8: Darstellung der wichtigsten für die Fahrzeuglängsbewegung relevanten Kräfte

---

[5] Der Massenfaktor ist unter Verwendung mehrstufiger Schaltgetriebe abhängig vom gewählten Gang. Bei einstufigen Getrieben ist der Massenfaktor konstant.

2.4.1 Fahrwiderstände

Bei Bewegung eines Fahrzeuges in Längsrichtung entstehen Widerstandskräfte, die der Fahrzeugbewegung entgegenwirken. Die Summe dieser Kräfte wird als Fahrwiderstände[6] bezeichnet und ergibt sich zu [66, 67]:

$$F_w = \underbrace{\frac{1}{2}Ac_l\rho v_x^2(t)}_{F_l} + \underbrace{mgf_r(v_x(t))\cos\alpha(t)}_{F_r} + \underbrace{mg\sin\alpha(t)}_{F_s}. \qquad \text{Gl. 2.2}$$

Der Luftwiderstand F_l steigt quadratisch zur Fahrzeuggeschwindigkeit v_x an und ist von der Fahrzeugstirnfläche A, dem Luftwiderstandsbeiwert c_l sowie der Luftdichte ρ abhängig. Der Rollwiderstand F_r ist abhängig vom geschwindigkeitsabhängigen Rollwiderstandsbeiwert f_r, der Fahrbahnsteigung α sowie der Fahrzeugmasse m. Der Steigungswiderstand F_s ist von der Fahrzeugmasse m und der Fahrbahnsteigung α abhängig.

2.4.2 Elektrischer Antriebsstrang

Da das in der vorliegenden Arbeit entwickelte Assistenzsystem für ein batterieelektrisch angetriebenes Fahrzeug ausgelegt wird, werden in diesem Abschnitt der Aufbau und das Systemverhalten eines elektrischen Antriebsstrangs erläutert.

Ein elektrischer Antriebsstrang wandelt die aus einer elektrischen Energiequelle zur Verfügung gestellte elektrische Leistung in mechanische Traktionsleistung an den Antriebsrädern. Bei batterieelektrischen Fahrzeugen kommt als Energiequelle eine Traktionsbatterie zum Einsatz. Die von dieser zur Verfügung gestellte Leistung wird von einem oder mehreren Antriebsmotoren samt zugehöriger Leistungselektronik in mechanische Leistung umgewandelt und schließlich bei Bedarf mittels Getriebeübersetzung über die Antriebsräder zur Fortbewegung des Fahrzeuges genutzt.

Grundsätzlich existieren vielfältige Möglichkeiten Leistungselektronik, Antrieb, zugehöriges Getriebe und die Antriebswellen im Fahrzeug anzuordnen. Dabei reicht die Bandbreite von Konfigurationen mit einer zentralen An-

---

[6]   Im Rahmen dieser Arbeit werden die folgenden Vereinfachungen getroffen: Windstille, Luftdichte bei 20°C und vernachlässigbarer Kurvenwiderstand

triebsmaschine und Achsdifferential bis hin zu Konzepten mit mehreren verteilten Antrieben [68]. Eine Übersicht über eine Vielzahl der möglichen Topologien gibt [69].

Im Rahmen dieser Arbeit wird eine Topologie für den Antriebsstrang, bestehend aus zentraler Antriebsmaschine (M), Getriebe (G) und Achsdifferential (D) sowie Hinterachsantrieb verwendet. Diese ist in Abbildung 2.9 dargestellt.

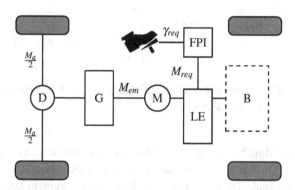

Abbildung 2.9: Antriebsstrangtopologie des verwendeten E-Fahrzeuges inklusive Fahrpedalinterpretation

Das Achsdifferential sorgt für die Verteilung des Achsmoments M_a auf die beiden Hinterräder und sorgt für den Ausgleich der Drehzahlen an beiden Rädern bei Kurvenfahrt. Zusätzlich wird ein einstufiges Getriebe zur Momenten- und Drehzahlübersetzung eingesetzt. Der Zusammenhang von Motormoment M_{em} zu Antriebsmoment an der Achse M_a ergibt sich damit zu:

$$M_a = i_{DG}\eta_{DG}M_{em} \qquad \text{Gl. 2.3}$$

Dabei bezeichnet i_{DG} die feste Gesamtübersetzung und η_{DG} den Gesamtwirkungsgrad von Getriebe und Achsdifferential.

Als Antriebsmaschine wird ein Drehstrom-Asynchronmotor verwendet. Die Maschine kann sowohl im motorischen als auch im generatorischen Bereich betrieben werden. Es kann also neben der Umwandlung elektrischer Leistung in mechanische Leistung zur Beschleunigung des Fahrzeuges auch Energie aus der Fahrzeugbewegung zurückgewonnen und in der Traktionsbatterie gespeichert werden (Rekuperation). Die Drehzahl-Drehmomentcharakteristik der verwendeten Antriebsmaschine ist in Abbildung 2.10 dargestellt. Das Diagramm

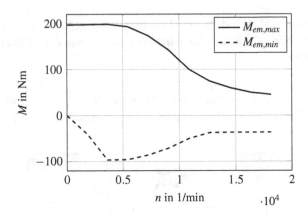

Abbildung 2.10: Drehmoment-Drehzahlcharakteristik der Drehstrom-Asyn-
chronmaschine

zeigt, welches Moment von der Maschine maximal (motorisch) und minimal
(generatorisch) in Abhängigkeit von der Drehzahl aufgebracht werden kann
[68]. Das maximale Drehmoment kann konstant bis zum Eckpunkt bei ca.
5000 1/min aufgebracht werden. An diesem Eckpunkt wird die Nennleistung
des Antriebs erreicht. Steigt die Drehzahl weiter, sinkt der Betrag des zur
Verfügung stehenden Antriebs-/Rekuperationsmoments[7] aufgrund von Feld-
schwächungseffekten bei gleichbleibender Leistung ab.

Das von der Maschine aufzubringende Moment wird von der Leistungselektronik (LE) in Abhängigkeit des vom Fahrer geforderten Eingangsmomentes M_{req}
geregelt. Die hierfür benötigte Traktionsenergie wird von einer Traktionsbatterie (B) bereitgestellt. Eine vorgeschaltete Fahrpedalinterpretation (FPI) ermittelt aus der Fahrzeuggeschwindigkeit v_x und der momentan eingestellten
Fahrpedalstellung γ_{req} das tatsächlich vom Fahrer geforderte Moment:

$$M_{req} = f_{FPI}(v_x, \gamma_{req}).$$ Gl. 2.4

Auf eine detaillierte Beschreibung der Fahrpedalinterpretation wird im Rahmen dieser Arbeit verzichtet. Jedoch wird festgehalten, dass die Funktion f_{FPI}
folgende Eigenschaften aufweist:

---

[7]   Das mögliche Rekuperationsmoment liegt für die elektrische Maschine rein physikalisch
       niedriger. Für das eingesetzte Fahrzeug wurde die Rekuperationskennlinie aufgrund von
       Komfort- und Fahrbarkeitsaspekten wie dargestellt appliziert.

- Für das geforderte Moment gilt stets $M_{req}(n) \leq M_{em,max}(n)$
  und $M_{req}(n) \geq M_{em,min}(n)$.

- Die Abbildung $f_{FPI} : \gamma \to M$ ist bijektiv.

Diese Definitionen ermöglichen eine Auslagerung der Fahrpedalinterpretation aus der Formulierung der modellprädiktiven Regelung (siehe Kapitel 3.3.1).

Der in diesem Abschnitt vorgestellte elektrische Antriebsstrang steht als Modell für die im Stuttgarter Fahrsimulator verwendete Echtzeit-Fahrdynamiksimulation zur Verfügung. Es wird im Rahmen aller in dieser Arbeit vorgestellten virtuellen Fahrversuche genutzt.

2.4.3 Reifen

Der Reifen stellt das kraftübertragende Glied zwischen Fahrzeug und Fahrbahn dar und nimmt damit eine bedeutende Rolle bei der Betrachtung fahrdynamischer Fragestellungen ein. Der Reifen ist in der Lage eine bestimmte maximale Reibungskraft $F_{\mu,max}$ zwischen Reifen und Fahrbahn zu übertragen. Diese maximal übertragbare Kraft wird auch als Kraftschlusspotential bezeichnet und ist vor allem abhängig von Fahrbahnbeschaffenheit und -zustand. Die zu übertragende Kraft F_u wird als Reifenumfangskraft bezeichnet und kann dann wie folgt aus dem anliegenden Antriebs- beziehungsweise Bremsmoment $M_{b,a}$ bestimmt werden:

$$F_u = \frac{M_{b,a}}{r_{dyn}}.$$ Gl. 2.5

Dabei gibt r_{dyn} den dynamischen Radhalbmesser an. Neben der Reifenumfangskraft, die in Fahrzeuglängsrichtung wirkt, werden über die Reifen bei Kurvenfahrt auch Seitenführungskräfte auf die Straße übertragen. Dabei ist zu beachten, dass die vektorielle Summe aus Seitenführungskraft F_q und Umfangskraft F_u unterhalb der maximalen Reibungskraft $F_{\mu,max}$ liegen muss, um eine stabile Fahrt zu gewährleisten. Diese Eigenschaft wird durch den Kammschen Kreis (Abbildung 2.11) beschrieben [70].

In Abhängigkeit von der übertragenen Kraft entsteht bei der Kraftübertragung zwischen Reifen und Fahrbahn ein gewisser Schlupf κ. Dieser ist für Antrieb bzw. Bremsung eines Fahrzeuges wie folgt definiert:

$$\kappa_b = \frac{v_x - v_u}{v_x}, \qquad \kappa_a = \frac{v_u - v_x}{v_u}.$$ Gl. 2.6

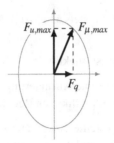

Abbildung 2.11: Kammscher Kreis: maximal übertragbare Umfangskraft
$F_{u,max}$ bei gegebener Seitenführungskraft F_q [70]

Dabei bezeichnet v_u die Reifenumfangsgeschwindigkeit. Der qualitative Zusammenhang zwischen in Längsrichtung übertragbarer Kraft und dem Reifenschlupf ist in Abbildung 2.12 dargestellt. Bei der Kraftübertragung zwischen

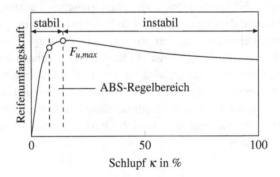

Abbildung 2.12: Reifenschlupf in Abhängigkeit von der Umfangskraft

Reifen und Straße steigt die Umfangskraft F_u zunächst stark an, während der Schlupf nur leicht ansteigt. Wird die Haftreibungsgrenze bei $F_{u,max}$ erreicht, sinkt die übertragbare Kraft wieder langsam ab, während der Schlupf stark zunimmt. Mit dem Verlust der Haftreibungskraft ist das Fahrzeug nicht mehr manövrierfähig und gerät in einen instabilen Zustand. Mithilfe von mechatronischen Regelsystemen (ABS, ASR) wird in modernen Fahrzeugen die Überschreitung der Haftreibungsgrenze verhindert und das Fahrzeug in einem stabilen Zustand gehalten. Die dann erreichte Bremskraft wird im Folgenden auch als kraftschlussbedingtes Bremsvermögen bezeichnet.

Für die Berechnung des Schlupfs werden üblicherweise Reifenmodelle mit physikalischen oder empirischen Ansätzen herangezogen. Ein weitverbreitetes empirisches Reifenmodell ist das Pacejka-Reifenmodell (auch bezeichet als „Magic-Formula Reifenmodell") [71].

2.4.4 Bremsanlage

Die Bremsanlage eines Fahrzeuges dient der gezielten Verringerung der Fahrzeuggeschwindigkeit. Die mechanische Bremsanlage (Scheiben- oder Trommelbremse) wandelt die Bewegungsenergie in Wärmeenergie um. Dabei ist für die Scheibenbremse der Zusammenhang zwischen Bremsdruck und Bremskraft an den Rädern wie folgt definiert [66, 70]:

$$F_{b,mech} = i_{BV} \left(P_b A_b \mu_G \frac{r_{bs}}{r_{dyn}} \right)_{VA} + (1 - i_{BV}) \left(P_b A_b \mu_G \frac{r_{bs}}{r_{dyn}} \right)_{HA}. \qquad \text{Gl. 2.7}$$

Dabei bezeichnet P_b den Bremsdruck, A_b die gesamte Auflagefläche zwischen Bremsbelag und Bremsscheibe an der jeweiligen Achse, μ_G die Gleitreibungszahl für die Paarung Belag/Scheibe und r_{bs} den effektiven Bremsscheibenradius. Die jeweils an der Vorderachse bzw. Hinterachse entstehenden Bremskraftkomponenten sind mit den jeweiligen Indizes „VA" bzw. „HA" gekennzeichnet. Die Bremskraftverteilung zwischen Vorder- und Hinterachse ist über den Faktor i_{BV} gegeben.

In elektrisch angetriebenen Fahrzeugen steht neben der mechanischen Bremsanlage auch der Antriebsstrang für die Fahrzeugverzögerung zur Verfügung: Bei der Rekuperation kann die elektrische Maschine im generatorischen Betrieb mechanische Leistung in elektrische Leistung umwandeln und die zurückgewonnene Energie kann in der Traktionsbatterie gespeichert werden. Dabei ergibt sich für die maximale Bremskraft an der Antriebsachse, die durch Rekuperation aufgebracht werden kann, folgender Zusammenhang:

$$F_{b,rek} = \frac{i_{DG} M_{em}}{\eta_{DG} r_{dyn}}. \qquad \text{Gl. 2.8}$$

Man beachte, dass sich bei Leistungsfluss in Bremsrichtung die Wirkungsgradverluste η_{DG} im Vergleich zum Leistungsfluss in Antriebsrichtung (Gl. 2.3) positiv auf die insgesamt zur Verfügung stehende Bremsleistung auswirken. Der begrenzende Faktor für die per Rekuperation erreichbare Bremskraft ist dann das in Abbildung 2.10 dargestellte minimale Motormoment M_{min}.

2.5 Modellprädiktive Regelung

Um rechtzeitig auf Situationen innerhalb eines vor dem Fahrzeug befindlichen Streckenabschnittes reagieren zu können, wird eine vorausschauende Regelungsstrategie für die Fahrzeuglängsdynamik benötigt. Häufig kommen für derartige Problemstellungen modellprädiktive Regelungen (engl. „Model Predictive Control", kurz MPC) zum Einsatz. Diese ermöglichen die Optimierung von Trajektorien im Sinne der Minimierung eines Gütefunktionals. Durch die Definition des Gütefunktionals kann die Optimierung der Trajektorien unter verschiedenen Gesichtspunkten erfolgen. So wurden Methoden der modellprädiktiven Regelung für die Fahrzeuglängsführung beispielsweise für die Generierung energie- und verbrauchsoptimaler Geschwindigkeitsprofile für batterieelektrische Fahrzeuge [72, 73] und Fahrzeuge mit konventionellem Antrieb [74] eingesetzt. Für die allgemeine Fahrzeuglängs- und Querführung [75] wurden modellprädiktive Regler ebenso eingesetzt wie für die Trajektoriengenerierung in zeitkritischen und hochdynamischen Situationen [76–78]. In allen genannten Arbeiten werden vom Regler zeitweise Teile der Fahrzeugführung oder die komplette Fahrzeugführung übernommen („entweder/oder Struktur", siehe Kapitel 2.2.1). Dies bedeutet, dass der Fahrer während der Regelung keinen Einfluss auf die geregelten Teile der Fahrzeugdynamik hat. Die meisten Arbeiten verwenden modellprädiktive Regler als high-level Regler auf Führungsebene für die Generierung der Geschwindigkeitstrajektorien mit relativ langen Zykluszeiten. Bedingt durch die langen Zykluszeiten vergeht zwischen der Bereitstellung zweier Trajektorien ein relativ langer Zeitraum. In dieser Zeit summieren sich aus Modellfehlern und Störeinflüssen entstehende Fehler auf. Deshalb kommen für die Stabilisierung meist unterlagerte low-level Regler als Trackingregler, wie in Kapitel 2.5.4 beschrieben, zum Einsatz. Diese regeln das Fahrzeug bis zur Bereitstellung einer neuen Trajektorie entlang der zuletzt berechneten Trajektorie (Stabilisierungsebene).

In Abbildung 2.13 ist die prinzipielle Funktionsweise der modellprädiktiven Regelung dargestellt. Die modellprädiktive Regelung verwendet ein diskretes dynamisches Modell der zu regelnden Strecke für die Vorausberechnung einer Zustandstrajektorie $\bar{x}_{opt}$ innerhalb eines gegebenen Prädiktionshorizontes T_{opt} zum Zeitpunkt t_j. Dies ermöglicht mithilfe geeigneter Optimierungsmethoden (siehe Abschnitt 2.5.3) die Berechnung einer im Sinne eines Gütefunktionals optimalen Eingangstrajektorie $\bar{u}_{opt}$ sowie der zugehörigen Zustandstrajektorie. Im Gütefunktional werden die Optimierungsziele festgelegt und gewichtet. Da-

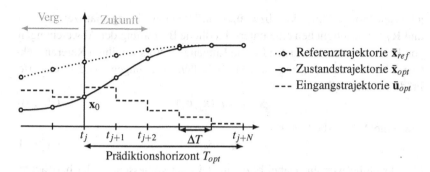

Abbildung 2.13: Grundsätzliche Funktionsweise der modellprädiktiven Regelung

bei wird im Gütefunktional meist die Abweichung der Zustandstrajektorie von ihrer Referenztrajektorie $\bar{x}_{ref}$ bestraft, um die Regelabweichung zu minimieren. Weiterhin können gleichzeitig mehrere Eingangs- und Zustandsbeschränkungen berücksichtigt werden, um Systemgrenzen direkt bei der Optimierung zu berücksichtigen. Nachdem die optimale Eingangstrajektorie gefunden wurde, wird die Strecke mit dem ersten Element der optimalen Eingangstrajektorie beaufschlagt. Anschließend wird der Prädiktionshorizont einen Zeitschritt weitergeschoben und die Optimierung bei Erreichen dieses Zeitschritts mit dem dann aktuellen Zustand x_0 als Anfangsbedingung erneut durchgeführt. Dadurch wird aus dem zugrundeliegenden Optimalsteuerungsproblem ein geschlossener Regelkreis, der auf Störeinflüsse reagieren kann.

2.5.1 Formulierung des Optimalsteuerungsproblems

In jedem Zeitschritt einer modellprädiktiven Regelung muss ein Optimalsteuerungsproblem gelöst werden, um eine im Sinne eines Gütefunktionals $J(\bar{x}, \bar{u})$ optimale Trajektorie zu finden:

$$J(\bar{x}, \bar{u}) = \sum_{j=1}^{N} \left(x_j - x_{ref,j}\right)^{\top} Q_j \left(x_j - x_{ref,j}\right) + \left(u_j - u_{ref,j}\right)^{\top} R_j \left(u_j - u_{ref,j}\right)$$

Gl. 2.9

Das Gütefunktional gibt die jeweilige Abweichung der zu optimierenden Zustands- und Eingangstrajektorien $\bar{x}$ und $\bar{u}$ von deren jeweiligen Referenztra-

jektorien (Sollverläufe) $\bar{\mathbf{x}}_{ref}$ bzw. $\bar{\mathbf{u}}_{ref}$ an. Die Gewichtungsmatrizen $\mathbf{Q}_j > 0$
und $\mathbf{R}_j > 0$ ermöglichen eine unterschiedliche Bestrafung der Abweichungen
von Komponenten des Zustands- und Eingangsvektors von ihren Referenzvek-
toren. Bei der Optimierung müssen als Nebenbedingungen das diskretisierte
Prädiktionsmodell

$$\mathbf{x}_{j+1} = F(\mathbf{x}_j, \mathbf{u}_j) \qquad \text{Gl. 2.10}$$

sowie die Anfangsbedingung

$$\mathbf{x}_0 = \hat{\mathbf{x}}_0 \qquad \text{Gl. 2.11}$$

berücksichtigt werden. Dabei bezeichnet $\hat{\mathbf{x}}_0$ die gemessenen oder beobachte-
ten Zustände im momentanen Regelzyklus. Für die weitere Beschränkung von
Zuständen und Eingängen werden sogenannte Box-Restriktionen der Form

$$\bar{\mathbf{x}} \in \mathcal{X} \text{ und } \bar{\mathbf{u}} \in \mathcal{U} \text{ mit} \qquad \text{Gl. 2.12}$$

$$\mathcal{X} = \left\{ \mathbf{x} \in \mathbb{R}^n, j \in \mathbb{N} \mid \mathbf{Hx}_j \leq \mathbf{h}_j, 1 \leq j \leq N \right\} \qquad \text{Gl. 2.13}$$

$$\mathcal{U} = \left\{ \mathbf{u} \in \mathbb{R}^m, j \in \mathbb{N} \mid \mathbf{Du}_j \leq \mathbf{d}_j, 1 \leq j \leq N \right\} \qquad \text{Gl. 2.14}$$

verwendet. Die Matrizen $\mathbf{H}$ und $\mathbf{D}$ ermöglichen dabei jeweils eine Kopplung
von Restriktionen der Zustände und Eingänge. Es gilt vor allem im Hinblick
auf die Auslegung der sicherheitsoptimierten Längsführungsassistenz (SOL)
zu beachten, dass sowohl die Restriktionsmatrizen $\bar{\mathbf{h}}$ und $\bar{\mathbf{d}}$ als auch die Gewichtungsmatrizen $\bar{\mathbf{Q}}$ und $\bar{\mathbf{R}}$ zeitvariant sein und in jedem Iterationsschritt angepasst werden können.

2.5.2 Herausforderungen bei der praktischen Umsetzung der modellprädiktiven Regelung

Bei der Auslegung und Implementierung modellprädiktiver Regelungen spielt
die zur Lösung des Optimalsteuerungsproblems benötigte Rechenzeit ΔT_{calc} eine wesentliche Rolle. Da das Optimierungsergebnis für den zum Zeitpunkt t_j
gemessenen Systemzustand erst zum Zeitpunkt $t_j + T_{calc}$ zur Verfügung steht,
kann das System erst zu diesem Zeitpunkt mit dem Steuereingang beaufschlagt
werden (siehe Abbildung 2.14). Während dieser Zeit bleibt das System mit
dem Steuereingang aus dem vorherigen Zeitschritt beaufschlagt. Dies bedeutet, dass sich während der Lösung des Optimierungsproblems der Systemzustand ändern kann. Um diese Änderungen möglichst gering zu halten, werden

deutlich kürzere Lösungszeiten T_{calc} für die Lösung des Optimalsteuerungsproblems gefordert als die Zyklenzeit ΔT_{samp} des modellprädiktiven Reglers
[79].

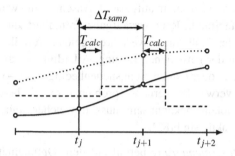

Abbildung 2.14: Einfluss der Berechnungszeit auf die Regelung

Die Berechnungszeit zur Lösung des Optimalsteuerungsproblems hängt neben
der zur Verfügung stehenden Rechenleistung und den verwendeten Lösungs-
ansätzen auch von der Komplexität des Prädiktionsmodells und den Beschränkungen der Eingangs- und Systemzustände ab. Um die Rechenzeit möglichst
gering zu halten, muss zumeist ein Kompromiss zwischen Prädiktionsgüte und
Rechenzeit zu Lasten des Prädiktionsmodells getroffen werden. Die sich daraus ergebenden Modellunsicherheiten müssen durch eine entsprechende Low-
Level Stabilisierung (siehe Kapitel 2.5.4) kompensiert werden.

Kann eine hinreichend kurze Lösungszeit nicht realisiert werden, kann das bei-
spielsweise in [79] beschriebene Verfahren der Zeitschrittverschiebung bei der
Lösung des Optimalsteuerungsproblems angewendet werden. Eine praktische
Anwendung ist in [73] gegeben.

2.5.3 Lösung von linearen und nichtlinearen Optimalsteuerungsproblemen

Komplexe Prädiktionsmodelle oder durch eine schnelle Eigendynamik des zu
regelnden Systems bedingte kurze Zyklenzeiten erfordern leistungsfähige Lö-
sungsalgorithmen und Rechner um rechtzeitig eine Lösung für das Optimalsteuerungsproblem zu liefern. Eine Übersicht über verschiedene Lösungsmethoden ist in [80, 81] gegeben. Die Lösungsmethoden für das Optimalsteue-

rungsproblem werden in drei Klassen eingeteilt: indirekte Lösungsverfahren, direkte Lösungsverfahren und die dynamische Programmierung.

Bei *indirekten Lösungsverfahren* werden zunächst die Optimalitätsbedingungen für das Optimierungsproblem aufgestellt. Anschließend wird das Problem als Zwei- oder Mehrpunkt-Randwertaufgabe formuliert und mithilfe von Schießverfahren oder Kollokationsverfahren gelöst. Vorteile liegen in der großen Genauigkeit der gefundenen Lösung. Allerdings ist die Berücksichtigung von Gleichungs- oder Ungleichungsnebenbedingungen – wie sie im Rahmen dieser Arbeit verwendet werden – problematisch, da bereits bei der Initialisierung des Problems bekannt sein muss, in welcher Reihenfolge welche Nebenbedingungen aktiv sind [82].

Die *dynamische Programmierung* beruht auf dem Optimalitätsprinzip nach Bellman [83]. Das Optimalsteuerungsproblem wird dabei als mehrstufiger Entscheidungsprozess betrachtet. Dafür wird der Optimierungshorizont in eine endliche Anzahl von Stufen zerlegt und der Zustandsraum diskretisiert. So entsteht innerhalb des Prädiktionshorizonts ein Gitter, in dem kombinatorisch eine optimale Lösung gesucht wird. Nach der Bestimmung von Teillösungen für die einzelnen Stufen wird das globale Optimum aus der Kombination der gefundenen Teillösungen zusammengesetzt. Die Rechenzeit der dynamischen Programmierung ist deterministisch, skaliert jedoch exponentiell mit der Anzahl an Zuständen. Sind kurze Zyklenzeiten gefordert, ist das Verfahren nur für relativ einfache Systeme mit wenigen Zuständen praktisch in Echtzeit anwendbar. Der Ansatz der dynamischen Programmierung wurde in der Literatur häufig für die Generierung energieoptimaler Trajektorien eingesetzt [72, 73]. Die Neuberechnungsraten lagen hierbei im Bereich von 1s.

In den vergangenen Jahren haben mit der Zunahme leistungsfähiger Rechnersysteme *direkte Verfahren* an Bedeutung gewonnen. Bei direkten Verfahren wird der Steuerungsverlauf $u(t)$ im Optimierungshorizont diskretisiert. Anstatt einer Eingangsfunktion kann dann mithilfe statischer Optimierungsverfahren ein Parametervektor als Eingangstrajektorie $\bar{u}_{opt}$ gefunden werden. Bei sequentiellen Verfahren muss der Zustandsverlauf im Prädiktionshorizont durch numerische Integrationsverfahren bestimmt werden. Bei simultanen Verfahren werden zusätzlich die Zustandsgrößen diskretisiert. Dadurch werden auch die Elemente der diskreten Zustandstrajektorie $\bar{x}_{opt}$ als Optimierungsvariablen angesetzt. Durch die zusätzliche Diskretisierung der Zustandstrajektorie entsteht zwar ein nichtlineares Programm mit mehr Entscheidungsgrößen, jedoch besitzt dieses eine schwach gekoppelte Struktur. Durch strukturausnutzende Lösungsverfahren für nichtlineare Programme kann für derartige Probleme effizient eine Lösung gefunden werden. Das Verfahren der *sequentiellen quadratischen Programmierung* ist ein geeigneter Ansatz zur Lösung nichtlinearer Optimierungsprobleme und ist für kleine und große Probleme gut geeignet [84]. Ein großer Vorteil liegt in der einfachen Problemformulierung mit direkter Berücksichtigung von Ungleichungs- und Gleichungsnebenbedingungen. Anwendungsbeispiele von direkten Lösungsverfahren für die Trajektorienoptimierung und -regelung von Kraftfahrzeugen finden sich beispielsweise in [78, 85].

Für die effiziente Implementierung von nichtlinearen Optimalsteuerungsproblemen wird in [86, 87] das „Realtime Iteration Scheme" vorgestellt. Dieses Schema basiert auf einer Zerlegung der numerischen Operationen in einen Teil, der bereits vor dem Vorhandensein des aktuellen Systemzustandes berechnet werden kann („preparation step") und einen (kleineren) Teil, der nach der Messung des Systemzustandes die Lösung für das Optimalsteuerungsproblem berechnet („optimization step"). Eine auf diesem Ansatz basierende Bibliothek wird in [88] mit dem *ACADO Toolkit* vorgestellt. Dieses generiert für gegebene Probleme einen hocheffizienten C-Programmcode, der die echtzeitfähige Lösung von nichtlinearen Optimalsteuerungsproblemen ermöglicht.

2.5.4 Low-Level Stabilisierung

Die Idee der klassischen modellprädiktiven Regelung besteht in der Beaufschlagung der Strecke mit dem ersten Element des optimierten Steuervektors $\bar{u}_{opt}$. Dies bedeutet, dass die Strecke bis zum nächsten Optimierungsschritt für den Zeitraum ΔT, wie in Abbildung 2.15a dargestellt, einer reinen Steuerung (ohne Rückführung) entspricht. Im praktischen Einsatz treten durch Modellunsicherheiten entstehende Prädiktionsfehler und auf die Strecke wirkende Störeinflüsse Unsicherheiten auf. Diese werden beim klassischen Ansatz bis zum nächsten Prädiktionsschritt zu Lasten der Regelgüte nicht berücksichtigt. Die Idee beim Einsatz eines unterlagerten Trackingreglers, wie in Abbildung 2.15b dargestellt, ist die Kompensierung der beschriebenen Störeinflüsse durch den Einsatz eines konventionellen Reglers. Dabei wird der modellprädiktive Regler zur Generierung der Eingangs- und Zustandstrajektorie verwendet. Dann wird die Strecke nicht direkt mit dem ersten Element der optimalen Eingangstrajektorie beaufschlagt, sondern die Strecke entlang der berechneten optimalen

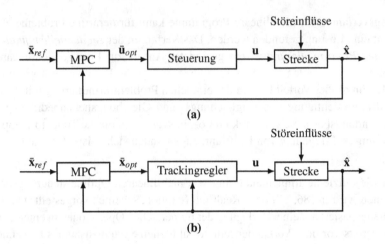

Abbildung 2.15: MPC ohne **(a)** und mit **(b)** unterlagertem Trackingregler

Zustandstrajektorie $\bar{\mathbf{x}}_{opt}$ geregelt. Häufig wird die optimierte Eingangstrajektorie $\bar{\mathbf{u}}_{opt}$ als Vorsteuerung verwendet. Ein solcher sogenannter „Zwei-Freiheitsgrade-Regler" kommt im Rahmen dieser Arbeit zum Einsatz (siehe Kapitel 3.3.3).

3 Die sicherheitsoptimierte Längsführungsassistenz

In diesem Kapitel wird der Entwurf der sicherheitsoptimierten Längsführungs-assistenz (SOL) beschrieben. Basierend auf dem in Kapitel 1.2.1 identifizierten Forschungsbedarf werden dafür zunächst die Anforderungen an das zu entwerfende Assistenzsystem definiert. Weiterhin werden in einer Spezifikation des Funktionsumfangs das Gesamtsystemverhalten und die darin enthaltenen Funktionalitäten festgelegt. Darauf aufbauend wird die Systemarchitektur erarbeitet und die enthaltenen Teilkomponenten entworfen.

Als zentrale Komponente der SOL wird zunächst ein auf der nichtlinearen modellprädiktiven Regelung basierendes Verfahren für die Trajektorienoptimierung und -regelung für die Fahrzeuglängsführung erarbeitet. Hierzu gehören unter anderem die Herleitung eines geeigneten vereinfachten Prädiktionsmodells für die Fahrzeuglängsdynamik sowie die Berücksichtigung der fahrphysikalischen Eigenschaften und Grenzen des Fahrzeuges als Beschränkungen bei der Formulierung des Optimalsteuerungsproblems. Weiterhin müssen bei der Ermittlung einer sicherheitsoptimierten Fahrgeschwindigkeit die Fahrerintention sowie statische und dynamische Umgebungsbedingungen berücksichtigt werden. Die dabei verwendete Strategie wird im Rahmen dieses Kapitels erläutert und mögliche Probleme sowie deren Lösung aufgezeigt.

Da die SOL einen hohen Grad an Fahrerinteraktion aufweist, wird die Gestaltung einer geeigneten Mensch-Maschine Schnittstelle (HMI) im Detail beschrieben. Schließlich werden die Herausforderungen bei der Implementierung des Systems aufgezeigt und die prototypische Realisierung sowie die Integration der SOL in den Stuttgarter Fahrsimulator beschrieben.

3.1 Anforderungen und Funktionsumfang

Ziel der sicherheitsoptimierten Längsführungsassistenz ist die Reduzierung des Unfallrisikos mit Fußgängern. Um dieses Ziel zu erreichen wird, wie in Kapitel 1.1.3 beschrieben, als größter Ansatzpunkt eine Senkung des Niveaus

© Springer Fachmedien Wiesbaden GmbH, ein Teil von Springer Nature 2018
T. Rothermel, *Ein Assistenzsystem für die sicherheitsoptimierte Längsführung von E-Fahrzeugen im urbanen Umfeld*, Wissenschaftliche Reihe Fahrzeugtechnik Universität Stuttgart, https://doi.org/10.1007/978-3-658-23337-2_3

und der Varianz der Fahrgeschwindigkeit angesehen. Hierbei kommt die Frage nach der Definition eines „sicheren" Geschwindigkeitsniveaus auf. Die Einflussfaktoren sind vielfältig und reichen von Sichtbedingungen über Verkehrs- und Fußgängeraufkommen bis hin zu Wetterbedingungen. Daher erweist sich in der Praxis die Ermittlung einer sicheren Geschwindigkeit als Höchstgrenze für die Fahrgeschwindigkeit als schwer umsetzbar. Aus diesem Grund wird für die SOL die Einhaltung der gesetzlich zulässigen Höchstgeschwindigkeit als Kriterium für eine sichere Fahrgeschwindigkeit herangezogen.

Neben der Senkung des Geschwindigkeitsniveaus soll die Fahrgeschwindigkeit im Falle einer drohenden Kollision mit dynamischen Objekten (z.B. Fußgängern) so angepasst werden, dass das Fahrzeug rechtzeitig zum Stillstand gebracht werden kann. Dadurch wird eine Notbremsfunktionalität realisiert. Folglich wird als weiteres Kriterium für eine sichere Fahrgeschwindigkeit die Kollisionsfreiheit mit Fremdobjekten gefordert.

Die vom Fahrer geforderte Fahrgeschwindigkeit soll im Hinblick auf die genannten Sicherheitskriterien bewertet und gegebenenfalls angepasst werden. Um rechtzeitig auf Änderungen in der Umgebung des Fahrzeuges reagieren zu können, soll hierfür vorausschauend eine aus der Fahrerintention resultierende Geschwindigkeitstrajektorie auf die Verletzung der Sicherheitskriterien überprüft werden. Verletzt die vom Fahrer vorgegebene Geschwindigkeitstrajektorie eine oder mehrere dieser Sicherheitskriterien, soll die Geschwindigkeitstrajektorie angepasst und das Fahrzeug entlang der daraus entstehenden sicherheitsoptimierten Geschwindigkeitstrajektorie geregelt werden.

Die dabei auftretenden systemseitigen Eingriffe in die Fahrzeuglängsdynamik können zu Akzeptanzproblemen bei Nutzern des Assistenzsystems führen (siehe Kapitel 1.2). Um einen Kompromiss zwischen Sicherheit und Fahrerakzeptanz zu treffen, soll die Eingriffsintensität des Systems variabel gestaltet werden. Auf diese Weise kann dem Fahrer in Abhängigkeit des Gefahrenpotentials der momentanen Fahrsituation eine Überschreitung der zulässigen Höchstgeschwindigkeit in einem gewissen Rahmen ermöglicht werden.

Aus den zuvor gestellten Anforderungen ergibt sich unmittelbar der Funktionsumfang des Systems. Die Funktionsweise der SOL wird im Folgenden anhand der in Abbildung 3.1 exemplarisch dargestellten Fahrsituation erläutert. Zu Beginn der dargestellten Fahrsituation befindet sich das Fahrzeug außerorts. Es gilt eine Geschwindigkeitsbegrenzung von 70 km/h. Der Fahrer kann seine Geschwindigkeit im *freien Bereich* nach seinem Wunsch frei wählen. Da keine

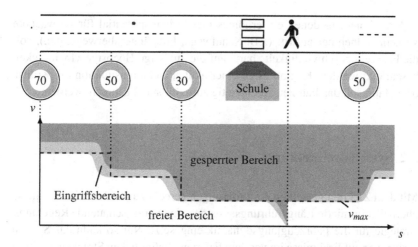

Abbildung 3.1: Geschwindigkeitsbereiche mit unscharfen Grenzen für die sicherheitsoptimierte Längsführung

potentielle Gefährdung von schwächeren Verkehrsteilnehmern vorliegt, kann er die zulässige Höchstgeschwindigkeit im Rahmen des *Eingriffsbereichs* überschreiten. Im Eingriffsbereich wird bereits in die Fahrzeuglängsdynamik eingegriffen und die Fahrgeschwindigkeit durch Anpassung der Fahrpedalkennlinie gedrosselt. Weiterhin erfährt der Fahrer mit zunehmender Überschreitung der zulässigen Höchstgeschwindigkeit eine progressive Gegenkraft am Fahrpedal. Die Fahrgeschwindigkeit kann aus Sicherheitsgründen lediglich durch vollständiges Durchtreten („Kickdown") des Fahrpedals in den *gesperrten Geschwindigkeitsbereich* angehoben werden.

Tauchen Streckenabschnitte mit Geschwindigkeitsänderungen auf, wie hier dargestellt eine Ortseinfahrt mit Reduzierung der zulässigen Höchstgeschwindigkeit auf 50 km/h, soll die Fahrzeuggeschwindigkeit rechtzeitig reduziert werden. Auf die Geschwindigkeitsänderung wird der Fahrer über eine Systemanzeige zunächst optisch hingewiesen. Bewegt sich das Fahrzeug weiterhin mit hoher Geschwindigkeit auf den Geschwindigkeitsübergang zu, erfährt der Fahrer eine Gegenkraft am Fahrpedal. Dies soll eine rechtzeitige Geschwindigkeitssenkung bewirken. Gleichzeitig wird die Geschwindigkeit gedrosselt. Auch innerorts kann der Fahrer, falls es die Situation zulässt (z.B. baulich getrennte, mehrspurige Straße) die zulässige Höchstgeschwindigkeit in einem gewissen Rahmen überschreiten.

In Situationen, in denen ein erhöhtes Gefährdungspotential für schwächere Verkehrsteilnehmer auftritt (z.B. Schulwege, Fußgängerüberwege, etc.), soll die Fahrzeuggeschwindigkeit „hart" auf die zulässige Höchstgeschwindigkeit beschränkt werden. Kommt es zu einer akuten Gefahrensituation mit Kollisionsgefahr, soll das Fahrzeug rechtzeitig zum Stillstand gebracht werden.

3.2 Systemarchitektur

Mit dem Ziel den gestellten Anforderungen gerecht zu werden wird für die sicherheitsoptimierte Längsführungsassistenz eine vorausschauende Regelungsstrategie für die Fahrzeuglängsdynamik eingesetzt. Nur so kann das System rechtzeitig auf Ereignisse im vor dem Fahrzeug befindlichen Streckenabschnitt reagieren. Als Kernstück der in Abbildung 3.2 dargestellten Architektur der SOL wird daher ein nichtlinearer modellprädiktiver Regler (NMPC) (siehe Kapitel 2.5) eingesetzt. Die Aufgabe des NMPC ist die Bereitstellung einer sicherheitsoptimierten Geschwindigkeitstrajektorie sowie der zugehörigen Stellgröße. Dabei sollen sicherheitsrelevante Informationen, wie beispielsweise die zulässige Höchstgeschwindigkeit oder dynamische Objekte, direkt im Optimierungsproblem berücksichtigt werden. Die Struktur des Optimierungsproblems wird so ausgelegt, dass Geschwindigkeitsüberschreitungen zwar möglich sind, jedoch im Gütefunktional bestraft werden können. Durch die Gewichtung dieser Bestrafung im Gütefunktional kann die Eingriffsintensität variiert werden. Um verbleibende Modellunsicherheiten und Störeinflüsse auszugleichen, kommt ein unterlagerter *Zwei-Freiheitsgrade-Trackingregler* als low-level Regler zum Einsatz. Die Auslegung des in der *Optimierungsphase* ausgeführten modellprädiktiven Längsdynamikreglers erfolgt in den Abschnitten 3.3.1, 3.3.2 und 3.3.3.

Für die direkte Berücksichtigung der Fahrerintention sowie der statischen und dynamischen Umgebungsdaten im Optimierungsproblem müssen die entsprechenden Informationen aufbereitet werden und in geeigneter Form in den Optimierungsprozess einfließen. Die Fahrerintention wird aus der vom Fahrer gestellten Fahrpedalstellung γ_{req} geschätzt und als Referenztrajektorien für Zustände $\bar{x}_{ref}$ und Eingänge $\bar{u}_{ref}$ im Optimierungsprozess berücksichtigt. Aus den von der Sensorik zur Verfügung gestellten statischen und dynamischen Umgebungsdaten $\mathbf{M}$ und $\mathbf{O}$ werden Beschränkungen generiert, die einen an die Fahrsituation angepassten sicheren Geschwindigkeitsbereich definieren. Zu-

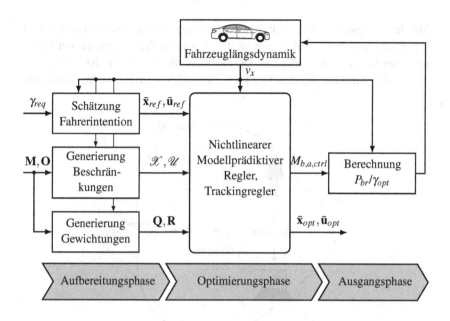

Abbildung 3.2: Blockchaltbild Sicherheitsoptimierten Längsführungsassistenz

sätzlich werden die aus fahrphysikalischen Eigenschaften und Grenzen des Fahrzeugs resultierenden Beschränkungen generiert und berücksichtigt. Weiterhin fließen aus Umgebungsdaten gewonnene Informationen zur benötigten Eingriffsintensität in die Gewichtung der im Gütefunktional enthaltenen Komponenten ein. Eine detaillierte Beschreibung dieser in der sogenannten *Aufbereitungsphase* enthaltenen Komponenten erfolgt in den Abschnitten 3.4.1, 3.4.2 und 3.4.3.

Das als Ergebnis der Optimierung zur Verfügung gestellte Moment $M_{b,a,ctrl}$ soll über die Fahrzeugräder als Antriebs- bzw. Bremskraft auf die Fahrbahn übertragen werden. Um die im elektrischen Antriebsstrang gegebene Möglichkeit der Rekuperation auszuschöpfen, muss im Falle einer Fahrzeugverzögerung eine entsprechende Aufteilung des Moments in Rekuperationsmoment und Moment, das über die mechanische Bremsanlage aufgebracht wird aufgeteilt werden. Die entsprechenden Steuersignale werden in der *Ausgangsphase* berechnet.

Mit der vorgestellten Architektur wird eine Einbeziehung des Fahrers in den
Regelkreis erzielt. In Anlehnung an die in Kapitel 2.2.1 vorgestellten Struk-
turen der kooperativen Regelung lässt sich für die SOL die in Abbildung 3.3
dargestellte Struktur ableiten. Der Fahrer gibt über die Referenztrajektorie sei-

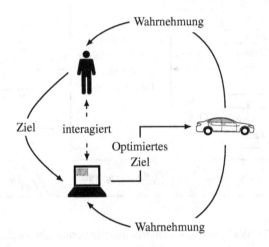

Abbildung 3.3: Berücksichtigung der Ziele des Fahrers bei der Optimierung
der Fahraufgabe

nen Geschwindigkeitswunsch (Ziel) vor. Dieser Wunsch wird nicht mit dem
Ergebnis einer Optimierung gewichtet kombiniert, sondern dient vielmehr als
Referenztrajektorie für die Lösung des Optimalsteuerungsproblems. Im Rahmen der anschließenden Optimierung erfolgt eine Überprüfung dieser Referenztrajektorie auf die Einhaltung sicherheitsrelevanter Beschränkungen. Befindet sich die Referenztrajektorie im *freien Bereich* (siehe Abbildung 3.1),
entspricht die optimierte Trajektorie der Referenztrajektorie und damit dem
Fahrerwunsch. Ist dies nicht der Fall, wird eine Trajektorie optimiert, die in
Abhängigkeit der Eingriffsintensität einen Kompromiss zwischen dem Fahrerwunsch und den Sicherheitskriterien darstellt.

3.3 Modellprädiktive Längsdynamikregelung

In diesem Abschnitt werden die in der *Optimierungsphase* eingesetzten Komponenten für die Trajektorienoptimierung und -regelung beschrieben. Die Reglerstruktur ist in Abbildung 3.4 dargestellt. Die Trajektorienoptimierung und

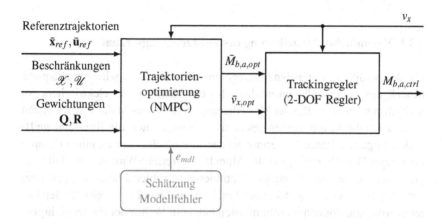

Abbildung 3.4: Blockschaltbild der prädiktiven Längsdynamikregelung mit Highlevelregelung und Trackingregler

-regelung besteht aus einem NMPC sowie einem unterlagerten Trackingregler (siehe Kapitel 2.5.4). Der NMPC übernimmt die Planung der Geschwindigkeitstrajektorie auf Führungsebene. Der unterlagerte Trackingregler übernimmt die Aufgabe der Fahrzeugführung auf Stabilisierungsebene. Um die Prädiktionsgüte zu steigern, können Modellfehler sowie Störeinflüsse zur Laufzeit mithilfe geeigneter Schätzverfahren bestimmt werden. Dadurch wird eine Kompensation von Fehlern in der Prädiktion ermöglicht, die durch Störeinflüsse (z.B. Gegenwind) oder Modellungenauigkeiten entstehen[8].

Bei der Auslegung der NMPC spielt die Auswahl eines geeigneten Prädiktionsmodells eine wichtige Rolle. Sowohl die Prädiktionsgüte als auch die benötigte Rechenzeit hängen unmittelbar vom Detaillierungsgrad des Prädiktionsmodells ab. Das für die SOL eingesetzte vereinfachte Prädiktionsmodell der Fahrzeuglängsdynamik wird in Abschnitt 3.3.1 hergeleitet. Weiterhin werden

---

8   Die Auslegung und Implementierung des Schätzers für den Modellfehler ist nicht Gegenstand dieser Arbeit. Für geeignete Methoden können [89–91] herangezogen werden.

die sich aus den fahrphysikalischen Eigenschaften eines elektrisch angetriebenen Fahrzeuges ergebenden Restriktionen beschrieben. In Abschnitt 3.3.2 wird das dem NMPC zugrundeliegende Optimalsteuerungsproblem formuliert. Schließlich wird in Abschnitt 3.3.3 der unterlagerte Trackingregler beschrieben.

3.3.1 Vereinfachte Modellierung des Fahrzeuglängsverhaltens

Für die prädiktive Längsdynamikregelung des Fahrzeugs wird ein adäquates Modell des Fahrzeuglängsverhaltens für ein Fahrzeug mit elektrischem Antriebsstrang benötigt. Bei der Modellierung werden sowohl die Fahrwiderstände als auch die Komponenten des Antriebsstrangs sowie die Bremsanlage berücksichtigt. Die Herausforderung bei der Vereinfachung ist es, einen Kompromiss beim Detaillierungsgrad des Modells zu treffen: Wird das Modell komplex, werden für die Lösung des Optimierungsproblems lange Rechenzeiten benötigt. Die dadurch entstehenden Latenzen sind möglicherweise für den Fahrer spürbar und können im schlimmsten Fall zum Verlust der Echtzeitfähigkeit des Systems führen (siehe Kapitel 2.5.2). Wird andererseits das Prädiktionsmodell zu stark vereinfacht, kommt ein entsprechend großer Modellfehler zum Tragen.

Im Rahmen dieser Arbeit wird der dynamische Anteil des Fahrzeuglängsverhaltens als Fahrzeuglängsdynamik bezeichnet. Um die Rechenzeit bei der (Echtzeit-) Lösung des dem NMPC zugrundeliegenden Optimierungsproblems möglichst gering zu halten, wird ein vereinfachtes Prädiktionsmodell für die Fahrzeuglängsdynamik hergeleitet. Da die Dynamik der Fahrzeuglängsbewegung im Wesentlichen durch die Fahrwiderstände charakterisiert wird, werden diese „freigeschnitten" um ein dynamisches Modell der Form

$$\dot{v}_x = f_{dyn}(v_x, M_{b,a}, e_{mdl}) \qquad \text{Gl. 3.1}$$

zu erhalten. Das Moment $M_{b,a}$ beschreibt als Systemeingang die Summe der an den Fahrzeugrädern anliegenden Antriebs- bzw. Bremsmomente. Weiterhin werden die Fahrzeuggesamtmasse m sowie ein geschätzter Modellfehler e_{mdl} als zeitvariante Parameter berücksichtigt. Da die Fahrzeugmasse im E-Fahrzeug im Verlauf einer Fahrt zeitinvariant ist, muss diese zu Beginn der Fahrt bekannt sein oder geschätzt werden [91–93]. Da der Modellfehler e_{mdl} unter den später getroffenen Vereinfachungen zeitvariant und beispielsweise abhängig von der Fahrbahnsteigung ist, kann dieser zur Laufzeit geschätzt werden um die Prädiktionsgüte zu steigern.

Die Charakteristik des Antriebsstranges sowie der Bremsen werden für die Dauer eines Optimierungsschritts als zeitinvariant betrachtet. Da diese Systeme neben der Fahrzeuglängsdynamik das Fahrverhalten eines Fahrzeuges charakterisieren, müssen sie in der Formulierung des NMPC in Form von Eingangsrestriktionen bei der Berechnung der optimalen Geschwindigkeitstrajektorie berücksichtigt werden.

Getroffene Vereinfachungen

Zusätzlich zu den in Kapitel 2.4.1 getroffenen Annahmen werden für die Herleitung des vereinfachten Fahrdynamikmodells folgende Vereinfachungen getroffen.

- **Reifen:** Bei der Übertragung des Antriebs- bzw. Bremsmoments auf die Straße entsteht Schlupf. Dieser Schlupf wird bei der Modellierung der Längsdynamik vernachlässigt. Allerdings wird das maximale Reifen-Fahrbahn-Kraftschlusspotential aller vier Räder bei der Beschränkung des Achsmoments berücksichtigt (siehe Kapitel 3.3.1). So kann auf die Verwendung eines Reifenmodells innerhalb des NMPC verzichtet werden.

- **Totzeiten:** Unter der Annahme, dass die Totzeiten innerhalb des Systems kleiner sind als die Zyklenzeit ΔT_{samp} des modellprädiktiven Reglers, werden diese vernachlässigt.

- **Massenvariation:** Die Fahrzeuggesamtmasse m setzt sich aus Fahrzeugeigengewicht und Beladung zusammen. Während der Fahrt wird bei E-Fahrzeugen die Fahrzeuggesamtmasse als konstant angenommen. Im realen Fahrbetrieb muss die Fahrzeuggesamtmasse zu Beginn einer Fahrt gemessen oder mithilfe von Schätzverfahren bestimmt werden.

- **Fahrbahnsteigung:** Da die Fahrbahnsteigung in digitalem Kartenmaterial nicht flächendeckend zur Verfügung steht, wird diese nicht explizit im Längsdynamikmodell berücksichtigt. Bei der Realisierung des vorgestellten Regelkonzeptes in einem realen Fahrzeug sollte die Fahrbahnsteigung im Rahmen einer Modellfehlerschätzung geschätzt und kompensiert werden.

Vereinfachte Fahrzeuglängsdynamik

Die vereinfachte Fahrzeuglängsdynamik ergibt sich aus den zuvor getroffenen Vereinfachungen und der in Abschnitt 2.4 beschriebenen Fahrwiderstandsgleichung. Aus Gl. 2.1 und Gl. 2.2 ergibt sich die Grundgleichung für die Beschreibung der Fahrzeuglängsdynamik:

$$
\begin{aligned}
\frac{\mathrm{d}v_x(t)}{\mathrm{d}t} &= \frac{1}{mk_m}\left(F_a + F_b - F_w\right) \\
&= -\frac{Ac_l\rho}{2mk_m}v_x^2(t) - \frac{gf_r}{k_m}\cos(\alpha) - \frac{g}{k_m}\sin(\alpha) + \frac{F_a + F_b}{mk_m}
\end{aligned}
$$

Gl. 3.2

Durch die in Abschnitt 3.3.1 definierte Vernachlässigung der Fahrbahnsteigung α ergibt sich $\alpha = 0$. Die zwei Eingangsgrößen Bremskraft F_b und Antriebskraft F_a können als äquivalentes Ersatzmoment an der Antriebsachse $M_{b,a}$ zu einer Eingangsgröße zusammengefasst werden. Dazu wird die Substitution

$$
F_a + F_b = \frac{M_{b,a}}{r_{dyn}}
$$

Gl. 3.3

vorgenommen. Dabei gibt r_{dyn} den dynamischen Radhalbmesser an. Durch diesen Schritt wird die Anzahl der Systemeingänge, und damit die Anzahl der zu optimierenden Eingangsgrößen, auf eins reduziert. Die durch die getroffenen Vereinfachungen und Störgrößen entstehenden Fehler fließen durch die Größe e_{mdl} in das Prädiktionsmodell ein. Unter Berücksichtigung der vorangegangenen Annahmen ergibt sich folglich für die vereinfachte Fahrzeuglängsdynamik:

$$
\begin{aligned}
\dot{v}_x &= f_{dyn}(v_x, M_{b,a}, e_{mdl}) \\
&= \underbrace{-\frac{Ac_l\rho}{2mk_m}}_{\frac{p_1}{m}}v_x^2 - \underbrace{\frac{gf_r}{k_m}}_{p_2} + \underbrace{\frac{1}{k_m mr_{dyn}}}_{\frac{p_3}{m}}M_{b,a} + e_{mdl}
\end{aligned}
$$

Gl. 3.4

Die physikalischen Größen der vereinfachten Fahrzeuglängsdynamik werden zum Parametersatz $\mathscr{P} = \{p_1, p_2, p_3, m\}$ zusammengefasst. Die fahrdynamikrelevanten Ersatzgrößen p_1, p_2 und p_3 können durch Ermitteln und Einsetzen der physikalischen Größen bestimmt werden. Sind diese Größen nicht bekannt, kann der Parametersatz experimentell durch Ausroll- und Beschleunigungsversuche ermittelt werden [94, 95]. Die Fahrzeuggesamtmasse m muss, wie eingangs erwähnt, zu Fahrtbeginn bekannt sein oder durch Schätzverfahren ermittelt werden.

Berücksichtigung der Charakteristika von Antriebsstrang und Bremssystem

Da als Prädiktionsmodell die reine Fahrzeugdynamik verwendet wird, müssen die Antriebsstrangcharakteristik (E-Maschine, Getriebe usw.), die Bremscharakteristik sowie fahrphysikalische Grenzen als Beschränkungen bei der Formulierung des nichtlinearen Optimierungsproblems berücksichtigt werden. Dadurch wird sichergestellt, dass die gefundene optimierte Geschwindigkeitstrajektorie vom Fahrzeug auch tatsächlich erreicht werden kann. Hierzu wird der Systemeingang, also das äquivalente Moment an der Antriebsachse $M_{b,a}$, beschränkt. In $M_{b,a}$ sind alle Achsmomente, die von der E-Maschine und der Bremsanlage an Vorder- und Hinterachse erzeugt werden, enthalten.

Das jeweilige Achsmoment an Vorder- und Hinterachse muss unter Berücksichtigung des Reifen-Fahrbahn-Kraftschlusspotentials beschränkt werden. Dies bedeutet, dass durch Antrieb oder Verzögerung die Haftreibungskraft zwischen Reifen und Fahrbahn nicht überschritten werden darf. Das Grenzmoment, welches pro Rad in Längsrichtung übertragen werden kann, wird mit $M_{u,max}$ bezeichnet und kann ein positives oder negatives Vorzeichen besitzen. Über den Kammschen Kreis (siehe Kapitel 2.4.3) hängt $M_{u,max}$ mit der vom Reifen bei Kurvenfahrt aufzubringenden Querkraft F_q und dem Kraftschlusspotential des Reifens $F_{\mu,max}$ zusammen. Ist die Reifen-Fahrbahnpaarung bekannt, wie beispielsweise in virtuellen Fahrversuchen, kann $M_{u,max}$ mithilfe eines geeigneten Reifenmodells ermittelt werden. Im realen Fahrbetrieb kann das Kraftschlusspotential $M_{\mu,max}$ mithilfe von Methoden zur Reibwertschätzung näherungsweise bestimmt werden [96–98].

Beim Beschleunigen des Fahrzeuges, und damit einem positiven Achsmoment, bestimmen das maximal von der E-Maschine bereitgestellte Moment $M_{em,max}$, die Gesamtgetriebeübersetzung des einstufigen Getriebes und des Differentials i_{DG} sowie die Wirkungsgradverluste im Antriebsstrang η_{DG} das maximal zur Verfügung stehende Antriebsmoment an der Hinterachse. Wie aus dem Drehmoment-Drehzahldiagramm der Asynchronmaschine in Kapitel 2.4.2 ersichtlich ist das bereitgestellte Moment von der Motordrehzahl n abhängig. Die Beschränkung für das maximale Achsmoment im Antrieb ergibt sich somit zu:

$$M_{antr,max}(n) = \min(\underbrace{i_{DG}\eta_{DG}M_{em,max}(n)}_{\text{max. Antriebsmoment}}, \underbrace{2M_{u,max}}_{\text{Kraftschlusspot.}}) \qquad \text{Gl. 3.5}$$

Bei der rekuperativen Verzögerung des Fahrzeuges kann im generatorischen Betrieb der E-Maschine Energie zurückgewonnen werden. Dabei wird von der E-Maschine in Abhängigkeit von der Motordrehzahl ein maximales Drehmoment $M_{rek,max}$ entgegen der momentanen Drehrichtung aufgebracht.

$$M_{rek,max}(n) = \frac{i_{DG}M_{em,min}(n)}{\eta_{DG}} \qquad \text{Gl. 3.6}$$

Es ist zu beachten, dass im Falle des Leistungsflusses vom Reifen in Richtung E-Maschine der Getriebewirkungsgrad zu einer Steigerung des Rekuperationsmoments am Reifen führt. Deshalb findet sich in Gl. 3.6 der Wirkungsgrad im Nenner wieder. Üblicherweise sind die aufgebrachten Rekuperationsmomente so gering, dass die Gefahr des Haftreibungsverlustes ausgeschlossen ist. Wird das Fahrzeug zusätzlich mithilfe der mechanischen Bremsanlage abgebremst, ergibt sich das Bremsmoment in Abhängigkeit des Bremsdrucks aus Gl. 2.7 in Kapitel 2.4.4. Nach einer Aufteilung der Bremskraftanteile von Vorder- und Hinterachse und der zusätzlichen Berücksichtigung des Rekuperationsmoments an der Hinterachse ergibt sich für ein BEV mit Hinterachsantrieb die Beschränkung des Verzögerungsmoments:

$$M_{verz,max}(n) = \max(\underbrace{M_{rek,max}(n) - (1 - i_{BV})P_{b,max}A_b\mu_G r_{BS}}_{\text{max. Bremsmoment Hinterachse (rek. und mech.)}},$$

$$\underbrace{i_{BV}P_{b,max}A_b\mu_G r_{BS}}_{\text{max. Bremsmoment Vorderachse}} \quad , \quad \underbrace{-2M_{u,max}}_{\text{Kraftschlusspot.}}). \qquad \text{Gl. 3.7}$$

Dabei bezeichnet $P_{b,max}$ den maximalen Bremsdruck und i_{BV} die Bremskraftverteilung. Durch Einhaltung dieser Restriktion wird ein Blockieren der Räder an Vorder- oder Hinterachse vermieden.

3.3.2 Prädiktive Trajektorienoptimierung und -regelung

Wie in Kapitel 2.5.1 beschrieben, basiert die modellprädiktive Regelung auf der wiederholten Lösung eines Optimalsteuerungsproblems innerhalb des Prädiktionshorizonts T_{opt}. Das zugrundeliegende Optimalsteuerungsproblem ist in den Gleichungen Gl. 2.9 bis Gl. 2.14 formuliert. In diesem Abschnitt wird die modellprädiktive Regelung basierend auf den definierten Anforderungen ausgelegt.

Für die Fahrzeuglängsregelung werden die Fahrzeuglängsgeschwindigkeit v_x sowie die vor dem Fahrzeug befindliche Fahrstrecke s_x als Zustandsgrößen herangezogen. Als Eingangsgröße wird das Ersatzmoment an allen Rädern $M_{b,a}$ verwendet. Der sich aus diesen Größen ergebende Trajektorienraum ist in Abbildung 3.5 exemplarisch dargestellt. In den Schaubildern sind die Re-

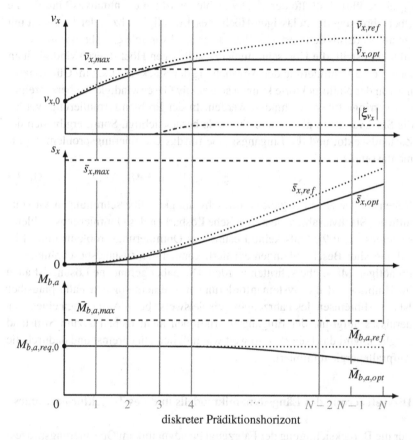

Abbildung 3.5: Exemplarischer Prädiktionshorizont für die Fahrzeuglängsbewegung mit den Zuständen v_x und s_x sowie dem Systemeingang $M_{b,a}$

ferenztrajektorien für die Fahrzeuggeschwindigkeit $v_{x,ref}$, die zurückgelegte Wegstrecke $\bar{s}_{x,ref}$ und das Eingangsmoment $\bar{M}_{b,a,ref}$ sowie die jeweils zugehörigen oberen Beschränkungen $\bar{v}_{x,max}$, $\bar{s}_{x,max}$ und $\bar{M}_{b,a,max}$ dargestellt. Im oberen

Schaubild ist zu erkennen, dass die vom Fahrer vorgegebene Referenztrajektorie $\bar{v}_{v,ref}$ die obere Beschränkung $\bar{v}_{x,max}$ verletzt. Um, wie gefordert und im Schaubild dargestellt, für die optimierte Trajektorie $\bar{v}_{x,opt}$ eine Geschwindigkeitsüberschreitung in gewissem Maße zuzulassen, werden für die Zustände Geschwindigkeit und die zurückgelegte Strecke die Slackvariablen ξ_{v_x} und ξ_{s_x} eingeführt. Mithilfe der Slackvariablen wird ein quantitatives Maß für die Überschreitung der zulässigen Höchstgeschwindigkeit bzw. der Kollision mit einem Hindernis definiert. Der Betrag der Slackvariable ξ_{v_x} gibt, wie im Schaubild dargestellt, die Überschreitung der zulässigen Höchstgeschwindigkeit an. Durch eine Minimierung der Abweichung der Slackvariablen im Gütefunktional von der Nulltrajektorie können so effektiv Geschwindigkeitsüberschreitungen verringert bzw. verhindert werden. In der Problemformulierung werden die Slackvariablen als weitere Zustände berücksichtigt. Somit ergibt sich der Zustandsvektor und die Eingangsgröße für das Optimierungsproblem zusammenfassend zu:

$$\mathbf{x} = \begin{bmatrix} v_x & s_x & \xi_{v_x} & \xi_{s_x} \end{bmatrix}^\top, \mathbf{u} = M_{b,a}. \qquad \text{Gl. 3.8}$$

Neben der gezielten Freigabe von Geschwindigkeitsüberschreitungen wird mithilfe der Slackvariablen die numerische Lösbarkeit des Optimierungsproblems sichergestellt [99]. Falls keine Lösung des Optimierungsproblems unter Einhaltung aller Beschränkungen existiert, können die Zustandsbeschränkungen im nötigen Maße überschritten werden. Die dabei gefundene Lösung ist auch im Hinblick auf die Systemanforderungen in einem solchen Falle plausibel: Ist ein Abbremsen des Fahrzeuges beispielsweise beim Auftauchen eines Hindernisses aufgrund der Eingangsrestriktionen nicht mehr bis zum Stillstand möglich, wird das Fahrzeug so weit wie möglich abgebremst und dadurch die Aufprallenergie minimiert.

Diskretisierung des Längsdynamikmodells und des Trajektorienraumes

Für die Berücksichtigung der Fahrzeuglängsdynamik im Optimierungsprozess wird das in Abschnitt 3.3.1 hergeleitete Prädiktionsmodell in diskretisierter Form benötigt. Bei der modellprädiktiven Geschwindigkeitsregelung kommen in der Literatur häufig wegdiskretisierte Modelle zum Einsatz [72–74]. Dies bietet den Vorteil, streckenabhängige Restriktionen, wie beispielsweise die Änderung der zulässigen Höchstgeschwindigkeit, direkt und konsistent im Prädiktionshorizont berücksichtigen zu können. Jedoch weist das wegdiskrete Fahrzeuglängsdynamikmodell eine Singularität bei $v_x = 0$ auf und ist daher für niedrige Geschwindigkeiten ungenau und für Anhaltevorgänge sogar unbrauchbar. Die SOL wird in allen Geschwindigkeitsbereichen eingesetzt. Insbesondere soll das Fahrzeug bis zum Stillstand abgebremst werden können. Aus diesem Grund findet ein zeitdiskretes Fahrdynamikmodell Verwendung. Folglich müssen sämtliche aus statischen und dynamischen Umgebungsinformationen resultierende Informationen zeitbasiert im Prädiktionshorizont berücksichtigt werden. Die meisten Informationen zu Ereignissen, wie beispielsweise die Entfernung eines Verkehrszeichens oder eines Hindernisses auf der Fahrbahn, liegen jedoch als Wegentfernung s_{ev} vor und müssen daher in eine entsprechende Zeitlücke t_{ev} überführt werden. Dazu muss zunächst ein Zusammenhang zwischen der Zeit und der in einer bestimmten Zeit zurückgelegten Strecke hergestellt werden. Dieser Zusammenhang ist maßgeblich von der aktuellen sowie der zukünftigen Fahrzeuggeschwindigkeit abhängig. Während die aktuelle Fahrzeuggeschwindigkeit gemessen werden kann, muss für den zukünftigen Verlauf der Fahrzeuggeschwindigkeit innerhalb des Prädiktionshorizontes eine geeignete Annahme getroffen werden. Naheliegend ist die Annahme, dass die optimierte Geschwindigkeitstrajektorie des letzten Iterationsschrittes $\tilde{v}_{opt}$ dem Ergebnis des aktuellen Iterationsschrittes sehr nahe kommt. Dann kann die optimierte Trajektorie der zurückgelegten Wegstrecke $\tilde{s}_{opt}$ zur Ermittlung der Zeitlücke genutzt werden.

Dieser Ansatz ist relativ genau und funktioniert gut, solange keine plötzlichen Änderungen des Optimierungsergebnisses von einem Iterationsschritt zum nächsten auftreten. Jedoch kommt es insbesondere bei der Berücksichtigung neuer Ereignisse im Prädiktionshorizont zu ebendiesen großen Änderungen des Optimierungsergebnisses: Wird das Fahrzeug beispielsweise aufgrund einer auftauchenden Reduzierung der zulässigen Höchstgeschwindigkeit im Prädiktionshorizont abgebremst, kommt es dadurch zu einer Verkürzung der zurückgelegten Strecke in $\tilde{s}_{opt}$. Dabei kann es vorkommen, dass das auftauchende Hindernis wieder aus dem Prädiktionshorizont verschwindet und das Fahrzeug im nächsten Iterationsschritt wieder beschleunigt. Auf diese Weise kommt es zu einer Art „Schwingverhalten". Dieser Vorgang ist in Abbildung 3.6 dargestellt: Zum Zeitpunkt i wird eine geforderte Reduzierung der Geschwindigkeit in der Entfernung $s_{ev}^{(i)}$ in den Prädiktionshorizont integriert. Daraufhin wird die geforderte Geschwindigkeitssenkung im nächsten Iterationsschritt $i+1$ berücksichtigt und das Fahrzeug verzögert. Durch diese Verzögerung wird die im Prädiktionshorizont zurückgelegte Strecke kürzer als der Abstand der Geschwindigkeitsänderung $s_{ev}^{(i+1)}$. Infolgedessen verschwindet das Hindernis im Iterationsschritt $i+2$ aus der Beschränkung $\bar{v}_{max}$. Dadurch wird die Verzögerung aufgehoben und die im Prädiktionshorizont zurückgelegte Strecke wieder länger. Folglich taucht die Geschwindigkeitsreduzierung wieder im Prädiktionshorizont auf.

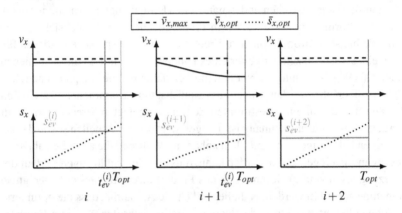

Abbildung 3.6: Beispiel für das Schwingverhalten bei Auftauchen einer Geschwindigkeitssenkung im Prädiktionshorizont bei Verwendung von $\bar{s}_{x,opt}^{(i-1)}$ für die Ermittlung der Zeitlücke t_{ev}

Um ein Aufschwingen zu verhindern, wird in einem alternativen Ansatz der Abstand von Ereignissen unter der Annahme einer konstanten Fahrzeuggeschwindigkeit v_0 eingefügt. Dadurch ergibt sich:

$$t_{ev} = \frac{s_{ev}}{v_{x,0}}.$$

Gl. 3.9

Durch diese konservative Annahme wird sichergestellt, dass eine nach dem ersten Auftauchen einer Geschwindigkeitssenkung lösbare Trajektorie auch lösbar bleibt, da die Verzögerung des Fahrzeuges der Reduzierung der Zeitlücke durch Annäherung an die Geschwindigkeitsänderung entgegenwirkt. Der durch die vereinfachte Annahme entstehende Regelfehler wird bei Änderungen der zulässigen Höchstgeschwindigkeit vom Fahrer praktisch nicht wahrgenommen.

Bei kritischen Verzögerungsvorgängen, die der Kollisionsvermeidung dienen, ist eine alleinige Betrachtung der Fahrzeuggeschwindigkeit in Verbindung mit einer Zeitbasis nicht ausreichend genau. Für niedrige Geschwindigkeiten verkürzt sich die Länge der betrachteten Strecke im Vorausschauhorizont in erheblichem Maße, so dass in ungünstigen Fällen Objekte nicht mehr innerhalb des Horizontes dargestellt werden können. Ein Anhalten an einem definierten Punkt vor einem Objekt wird somit unmöglich. Vor diesem Hintergrund ist die Berücksichtigung der zurückgelegten Wegstrecke s_x als Zustand im Optimierungsproblem besonders wichtig. Dadurch ist neben der Geschwindigkeitstrajektorie auch die Streckentrajektorie Teil des Optimierungsprozesses und es besteht die Möglichkeit einer direkten und zeitunabhängigen Beschränkung der im Prädiktionshorizont zurückgelegten Wegstrecke s_x.

3.3.3 Zwei-Freiheitsgrade-Trackingregler

Die von der Trajektorienberechnung optimierten Zustands- und Eingangstrajektorien $\bar{x}_{opt}$ und $\bar{u}_{opt}$ berücksichtigen bereits die wesentlichen Fahrwiderstände. Mit der direkten Beaufschlagung der Regelstrecke mit dem optimierten Moment $M_{b,a,opt}$ kann daher, unter der Annahme von kleinen auf das Fahrzeug wirkenden Störeinflüssen F, bereits eine gute Regelgüte erreicht werden. Störeinflüsse können beispielsweise durch Wind oder die nicht im Prädiktionsmodell berücksichtigten Querdynamikeinflüsse hervorgerufen werden. Für die Kompensation dieser Einflüsse kommt ein *Zwei-Freiheitsgrade Trackingregler* zum Einsatz [100]. Dabei wird eine Vorsteuerung mit dem von der Trajektorienoptimierung bereitgestellten optimierten Moment $M_{b,a,opt}$ vorgenommen und lediglich die durch Störgrößen entstandenen Geschwindigkeitsabweichungen ausgeglichen. Das Blockschaltbild ist in Abbildung 3.7 dargestellt.

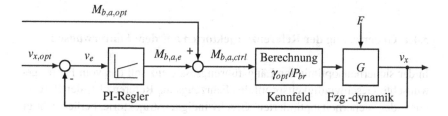

Abbildung 3.7: Blockschaltbild des Zwei-Freiheitsgrade Trackingreglers

Da die Dynamikanforderungen an den Regler nicht besonders hoch sind, kommt ein PI-Regler zum Einsatz. Dieser kann mithilfe von klassischen Einstellregeln parametriert werden [101].

3.4 Aufbereitung von Fahrdynamik- und Umgebungsdaten

In diesem Abschnitt werden die in der *Aufbereitungsphase* eingesetzten Komponenten beschrieben. Das Systemverhalten ist zu einem wesentlichen Teil von einer im Hinblick auf das Optimierungsziel sinnvollen Wahl von Referenztrajektorien, Beschränkungen und Gewichtungen abhängig. Deshalb müssen Fahrereingaben sowie die aus der Fahrzeugsensorik stammenden Umgebungsdaten in sinnvoller Art und Weise aufbereitet und bei der Generierung dieser Größen berücksichtigt werden. Da sich sowohl Fahrereingaben als auch die Fahrzeugumgebung ständig verändern, ist eine kontinuierliche Anpassung des Optimierungsproblems in jedem Iterationsschritt notwendig.

In Abschnitt 3.4.1 wird zunächst beschrieben, wie die für die Optimierung benötigten Referenztrajektorien aus Fahrereingaben geschätzt werden können. Anschließend wird in Abschnitt 3.4.2 erläutert, wie aus Umgebungsdaten gewonnene sicherheitsrelevante Informationen im Optimierungsprozess berücksichtigt werden können. In Abschnitt 3.4.3 wird schließlich der Einfluss der im Gütefunktional enthaltenen Gewichtungsfaktoren auf die Optimierung der sicherheitsoptimierten Trajektorie beschrieben. Dabei wird auch die Eingriffsintensität als Parameter näher betrachtet.

3.4.1 Generierung der Referenztrajektorien aus dem Fahrerwunsch

In der sicherheitsoptimierten Längsführungsassistenz soll das vom Fahrer gewünschte Geschwindigkeitsprofil des Fahrzeugs als Referenz bei der Berechnung der sicherheitsoptimierten Geschwindigkeitstrajektorie berücksichtigt werden. Da zu Beginn eines Optimierungsschrittes der Trajektorienoptimierung lediglich die momentanen Fahrereingaben und Fahrzeugzustände bekannt sind, muss die vom Fahrer gewünschte Geschwindigkeitstrajektorie $\bar{v}_{ref}$ innerhalb des Prädiktionshorizontes geschätzt werden: Da der zukünftige Verlauf der Momentenanforderung durch den Fahrer nicht bekannt ist, wird angenommen, dass das im momentanen Zeitschritt über die Fahrpedalstellung γ_{req} angeforderte Moment über den gesamten Prädiktionshorizont konstant bleibt. So ergibt sich die Referenztrajektorie für das Moment zu:

$$M_{b,a,ref,j} = M_{b,a,req,0} = f_{fp}(\gamma_{req}) \qquad j = 0,1,...,N \qquad \text{Gl. 3.10}$$

Anschließend werden die Referenztrajektorien für die Fahrzeuggeschwindigkeit und die Fahrstrecke mithilfe des Prädiktionsmodells (siehe Gl. 3.4) durch Vorwärtssimulation bzw. Integration berechnet:

$$v_{x,ref,j+1} = v_{x,ref,j} + f_{dyn}(v_x, M_{b,a,ref,j}, e_{mdl})\Delta T$$
$$v_{x,ref,0} = v_{x,0} \qquad\qquad j = 0,1,..,N-1 \quad \text{Gl. 3.11}$$
$$s_{x,ref,j+1} = s_{x,ref,j} + v_{x,ref,j}\Delta T$$
$$s_{x,ref,0} = 0 \qquad\qquad j = 0,1,..,N-1 \quad \text{Gl. 3.12}$$

Als Startwert für die Fahrzeuggeschwindigkeit wird die zu Beginn des aktuellen Optimierungsschrittes gefahrene Geschwindigkeit $v_{x,0}$ verwendet. Die Streckentrajektorie wird mit einem Startwert von 0 m initialisiert.

Durch die getroffene Annahme der konstanten Momentenanforderung nimmt die Verlässlichkeit der geschätzten Fahrerintention mit zunehmender Zeit im Prädiktionshorizont ab: Eine Änderung der tatsächlichen Fahrpedalstellung durch den Fahrer wird mit fortschreitender Zeit immer wahrscheinlicher. Dennoch ist davon auszugehen, dass die Schätzung vor allem im ersten Teil der Trajektorie genau genug ist und die Fahrerintention gut widerspiegelt. Gegen Ende des Prädiktionshorizontes wird davon ausgegangen, dass eine Tendenz der Fahrerintention ausreichend ist.

Die im Zustandsvektor enthaltenen Slackvariablen geben explizit die Überschreitung von Beschränkungen an. Im Kontext der SOL führen Abweichungen der Slackvariablen von 0 zu einer Überschreitung der zulässigen Höchstgeschwindigkeit (ξ_{v_x}) oder gar einer Kollision (ξ_{s_x}). Um die Verletzung dieser Sicherheitskriterien zu verhindern, werden die Referenztrajektorien für die Slackvariablen zu Null gesetzt. Es gilt dann:

$$\bar{\xi}_{v_x,ref} = \bar{\xi}_{s_x,ref} = \bar{0}. \qquad\qquad \text{Gl. 3.13}$$

3.4.2 Berücksichtigung von fahrphysikalischen Grenzen und Umgebungsdaten bei der Generierung von Restriktionen

Ein großer Vorteil bei der Verwendung modellprädiktiver Regler ist die Möglichkeit, Beschränkungen von Zuständen und Eingängen direkt in der Problemformulierung zu berücksichtigen. Basierend auf den zu Beginn des Kapitels definierten Anforderungen an die SOL, wird im Folgenden die Generierung der sich aus fahrphysikalischen Grenzen und sicherheitsrelevanten Umgebungsinformationen ergebenden Beschränkungen beschrieben.

Die Berücksichtigung der fahrdynamischen Grenzen erfolgt durch die Beschränkung des Ersatzmoments $M_{b,a}$. Die Restriktion des Ersatzmoments als Modelleingang ist durch die Eigenschaften des Antriebsstranges und der Bremsanlage sowie durch fahrphysikalische Eigenschaften, wie in Abschnitt 3.3.1 beschrieben, vorgegeben. Für die Restriktion des Ersatzmoments ergibt sich demnach:

$$\bar{M}_{b,a,min} \leq \bar{M}_{b,a} \leq \bar{M}_{b,a,max} \qquad \text{Gl. 3.14}$$

mit

$$\bar{M}_{b,a,min} = [M_{verz,max,j}(n_j),\ldots,M_{verz,max,N}(n_N)] \qquad \text{Gl. 3.15}$$

$$\bar{M}_{b,a,max} = [M_{antr,max,j}(n_j),\ldots,M_{antr,max,N}(n_N)] \qquad \text{Gl. 3.16}$$

Das maximal zur Verfügung stehende Brems- bzw. Antriebsmoment ist abhängig von der Motordrehzahl n der elektrischen Maschine (siehe Kapitel 3.3.1). Für die Berechnung des Verlaufs von n wird angenommen, dass die optimierte Geschwindigkeitstrajektorie aus dem vorangegangenen Zeitschritt $\bar{v}_{opt}^{(i-1)}$ der Lösung im aktuellen Zeitschritt $\bar{v}_{opt}^{(i)}$ nahe kommt. Demnach werden die berücksichtigten Motordrehzahlen innerhalb des Prädiktionshorizonts n_j mit $j = 1..N$ mithilfe der Übersetzungseigenschaften des Antriebsstrangs aus der optimalen Geschwindigkeitstrajektorie $\bar{v}_{opt}^{(i-1)}$ berechnet.

Durch die Einführung der Slackvariablen ξ_{v_x} und ξ_{s_x} ergeben sich für die weichen Zustandsrestriktionen der Zustände v_x und s_x die folgenden Zusammenhänge:

$$\bar{v}_{min} \leq \bar{v}_{opt} + \bar{\xi}_{v_x} \leq \bar{v}_{max} \qquad \text{Gl. 3.17}$$

$$\bar{s}_{min} \leq \bar{s}_{opt} + \bar{\xi}_{s_x} \leq \bar{s}_{max} \qquad \text{Gl. 3.18}$$

Da die Slackvariablen ebenfalls als Zustände berücksichtigt werden, werden diese ebenfalls beschränkt:

$$\bar{\xi}_{v_x,min} \leq \bar{\xi}_{v_x} \leq \bar{\xi}_{v_x,max} \qquad \text{Gl. 3.19}$$

$$\bar{\xi}_{s_x,min} \leq \bar{\xi}_{s_x} \leq \bar{\xi}_{s_x,max} \qquad \text{Gl. 3.20}$$

Die sich daraus ergebenden in der Formulierung des Optimalsteuerungsproblems zu berücksichtigenden Matrizen $\mathbf{H}$, $\mathbf{h}$, $\mathbf{D}$ und $\mathbf{d}$ sind im Anhang A.3 beschrieben.

In der SOL werden die zu berücksichtigenden Sicherheitskriterien als Beschränkungen der Zustände v_x und s_x im Optimalsteuerungsproblem berücksichtigt. Dafür müssen die aus der Umfeldsensorik und dem elektronischen Horizont bereitgestellten Daten aufbereitet und die entsprechenden Beschränkungen generiert werden. Bei der Generierung der aus sicherheitsrelevanten Umgebungsinformationen abgeleiteten Beschränkungen wird zwischen statischen und dynamischen Umgebungsdaten unterschieden. Statische Umgebungsdaten, wie beispielsweise Geschwindigkeitsbeschränkungen oder Warnzeichen (Zebrastreifen, Achtung Kinder,...), sind örtlich fest mit der Fahrstrecke verbunden und können beispielsweise aus digitalem Kartenmaterial über einen elektronischen Horizont bezogen werden [102, 103]. Dynamische Umgebungsdaten sind örtlich und zeitlich nicht an die Strecke gebunden. So werden beispielsweise Fußgänger und Fremdfahrzeuge über Umgebungssensoren (Video, Radar, Lidar,...) erfasst und dem System bereitgestellt.

Berücksichtigung der zulässigen Höchstgeschwindigkeit

Um den Fahrer bei der Einhaltung der zulässigen Höchstgeschwindigkeit zu unterstützen, wird die Fahrzeuggeschwindigkeit v_x beschränkt. Die zulässige Höchstgeschwindigkeit wird vorausschauend aus digitalem Kartenmaterial in Listenform bereitgestellt:

$$M_{sl,d} = \begin{bmatrix} s_{sl,d} & v_{sl,d} \end{bmatrix} \qquad d = 0, 1, ..., D_{sl} \qquad \text{Gl. 3.21}$$

Dabei gibt D_{sl} die Anzahl bereitgestellter Datensätze für die zulässige Höchstgeschwindigkeit an. Jeder Datensatz d besteht aus der Distanz zum Geschwindigkeitsübergang $s_{sl,d}$ und der zugehörigen neuen zulässigen Höchstgeschwindigkeit $v_{sl,d}$. Der erste Datensatz $M_{sl,0}$ gibt die momentane zulässige Höchstgeschwindigkeit mit negativem Abstand $s_{sl,0} < 0$ an. Da der Prädiktionshorizont zeitdiskret ist, müssen die Distanzen der Geschwindigkeitsübergänge in

Zeitabstände $t_{sl,d}$ überführt werden (siehe Kapitel 3.3.2). Hierfür wird über den gesamten Prädiktionshorizont eine konstante Fahrzeuggeschwindigkeit angenommen. Es gilt dann für die Berechnung der Zeitlücke:

$$t_{sl,d} = \frac{s_{sl,d}}{v_{x,0}}.$$ Gl. 3.22

Die zulässige Höchstgeschwindigkeit wird dann intervallweise innerhalb des Prädiktionshorizontes beschränkt:

$$v_{max,n} = \begin{cases} v_{sl,0} & \text{falls } 0 \le n\Delta T < t_{sl,1} \\ v_{sl,1} & \text{falls } t_{sl,1} \le n\Delta T < t_{sl,2} \\ \vdots & \vdots \\ v_{sl,D_{sl}} & \text{falls } t_{sl,D_{sl}} \le n\Delta T \le N\Delta T \end{cases} \quad \text{mit } n = 0, 1, ..., N \quad \text{Gl. 3.23}$$

Einbeziehung dynamischer Umgebungsdaten

Um Kollisionen mit schwächeren Verkehrsteilnehmern zu verhindern oder bei unvermeidbarer Kollision die Aufprallenergie zu verringern, müssen dynamische Umgebungsdaten bei der Berechnung der optimalen Geschwindigkeitstrajektorie berücksichtigt werden. Die Umgebungssensorik erfasst den Typ, die Position, die Relativgeschwindigkeit und die Relativbeschleunigung von Fremdobjekten. Basierend auf diesen Daten muss ermittelt werden, ob eines der im Umfeld des Fahrzeuges erfassten Objekte ein Kollisionsrisiko darstellt. Zu diesem Zweck wurde ein Kollisionsprädiktor implementiert. Dieser ist in Abbildung 3.8 dargestellt und berechnet basierend auf den aktuellen Fahrzuständen und Fahrereingaben die Trajektorien des Eigenfahrzeuges sowie der Fremdobjekte. Basierend auf diesen Trajektorien wird für jedes erfasste Frem-

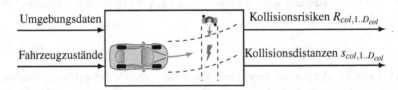

Abbildung 3.8: Kollsionsprädiktor

dobjekt d eine Klassifizierung für das Kollisionsrisiko $R_{col,d}$ vorgenommen sowie der Abstand $s_{col,d}$ berechnet und die Relativgeschwindigkeit $v_{col,d}$ zum

Eigenfahrzeug angegeben. Die Klassen für das Kollisionsrisiko des vorgestellten Kollisionsprädiktors sind in Tabelle 3.1 näher beschrieben.

Tabelle 3.1: Beschreibung der Kollisionsrisikoklassen des Kollisionsprädiktors

Kollisionsrisiko $R_{col,d}$	Beschreibung
0	Objekt detektiert, kein Kollisionsrisiko.
1	Trajektorien des Eigenfahrzeuges und des detektierten Objektes schneiden sich.
2	Eigenfahrzeug und Objekt befinden sich im Verlauf der Trajektorie zur gleichen Zeit am selben Ort. Kollision steht bevor falls nicht eingegriffen wird.
3	Eine Kollision ist nicht mehr vermeidbar, lediglich eine Minimierung der Unfallfolgen.

Für Notbremsmanöver sind lediglich die Kollisionsrisikoklassen 2 und 3 von Bedeutung. Wird eines oder mehrere Objekte in diesen Risikoklassen erkannt, wird das Objekt mit dem geringsten Abstand $s_{col,min}$ als Beschränkung der Fahrstrecke s_x in den Prädiktionshorizont eingefügt:

$$s_{max,n} = s_{col,min} \qquad \text{mit } n = 0, 1, ..., N \qquad \text{Gl. 3.24}$$

Durch eine hohe Gewichtung der Abweichung der Slackvariablen $\bar{\xi}_{s_x}$ von $\bar{0}$ für den Zustand s_x, wird eine Notbremsung erzwungen. Eine solche Notbremssituation ist in Abbildung 3.9 dargestellt. In Fall (a) ist ein auftauchendes Objekt weit genug entfernt um rechtzeitig zu bremsen. In Fall (b) taucht das Objekt in einem Abstand auf, der kürzer als der Anhalteweg ist. In diesem Fall wird das Fahrzeug soweit wie möglich abgebremst, um die Aufprallenergie zu minimieren.

3.4.3 Generierung der Gewichtungen im Gütefunktional

Das in Gl. 2.9 beschriebene Gütefunktional wird bei der Lösung des Optimalsteuerungsproblems zur Berechnung der Güte einer gefundenen Lösung ver-

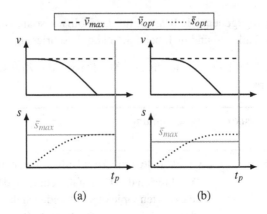

Abbildung 3.9: Trajektorien im Notbremsmanöver für den kollisionsfreien Fall (a) und den nicht kollisionsfreien Fall (b)

wendet. Beim Einsatz quadratischer Gütefunktionale werden die gewichteten quadratischen Abweichungen der gefundenen Lösungstrajektorien der Zustände und Eingänge von ihren jeweiligen Referenztrajektorien berechnet. Dabei werden die Gewichtungen über den Prädiktionshorizont für die Zustände in der Matrix $\bar{\mathbf{Q}} = [\mathbf{Q}_1, \ldots, \mathbf{Q}_N]$ und für die Eingänge in der Matrix $\bar{\mathbf{R}} = [\mathbf{R}_1, \ldots, \mathbf{R}_N]$ definiert. Die Gewichtungsmatrizen können also für jeden Zeitschritt n im Prädiktionshorizont separat definiert werden. Mit den in Gl.3.8 definierten Zustands- und Eingangsvektoren ergibt sich für die im Gütefunktional (Gl. 2.9) enthaltenen Gewichtungsmatrizen die Form:

$$\mathbf{Q}_n = \begin{bmatrix} Q_{v_x,n} & 0 & 0 & 0 \\ 0 & Q_{s_x,n} & 0 & 0 \\ 0 & 0 & Q_{\xi_{v_x},n} & 0 \\ 0 & 0 & 0 & Q_{\xi_{s_x},n} \end{bmatrix}, \mathbf{R}_n = R_{M_{b,a},n} \qquad \text{Gl. 3.25}$$

Für die Einstellung des reglerseitigen Systemverhaltens ist die Wahl geeigneter Gewichtungen von großer Bedeutung. Je höher die Gewichtung eines Eintrags, desto stärker werden Abweichungen von der Referenztrajektorie im Gütefunktional bestraft. Dabei ist weniger der Absolutwert der einzelnen Gewichtungen relevant, als vielmehr das Verhältnis der Gewichte zueinander. Abbildung 3.10 gibt eine Übersicht und Hinweise zur Gewichtung der in $\mathbf{Q}$ und $\mathbf{R}$ enthaltenen Elemente. Wie bereits erwähnt, kann die für die SOL geforderte gezielte Überschreitung der zulässigen Höchstgeschwindigkeit durch eine Variation

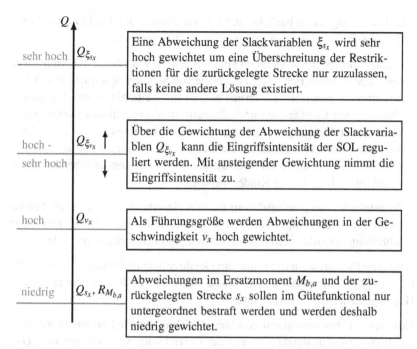

Abbildung 3.10: Gewichtungsverhältnisse der in der Gewichtungsmatrix **Q** und der Eingangsgewichtung **R** enthaltenen Elemente

von $Q_{\xi_{v_x}}$ zugelassen beziehungsweise unterbunden werden. Auf die dynamische Parametrierung dieses Faktors wird im Folgenden detailliert eingegangen.

Dynamische Gewichtung in Abhängigkeit des Gefahrenpotentials

Neben der harten Beschränkung der Fahrzeuggeschwindigkeit soll dem Fahrer in der SOL in Situationen mit geringem Gefahrenpotential in Maßen eine Überschreitung der zulässigen Höchstgeschwindigkeit ermöglicht werden. Dies soll die Fahrerakzeptanz steigern. Wie bereits erläutert, dient die Gewichtung der Slackvariablen für die Fahrgeschwindigkeit $Q_{\xi_{v_x}}$ innerhalb des Prädiktionshorizontes als Maß für die Überschreitungsmöglichkeit der zulässigen Höchstgeschwindigkeit. Für eine dynamische Anpassung der Gewichtung $Q_{\xi_{v_x}}$ müssen zunächst Fahrsituationen identifiziert werden, die Rückschlüsse auf das Gefahrenpotential zulassen. Dabei werden sowohl infrastrukturelle als auch dynamische Umgebungsdaten berücksichtigt. Exemplarisch werden in dieser Arbeit folgende Fahrsituationen als potentiell gefährlich eingestuft:

- **Infrastrukturell:** Vor allem im Hinblick auf die Fußgängergefährdung werden unter anderem Bereiche in der Nähe von Schulen, Spielplätzen und Kindergärten als potentiell gefährlich eingestuft. Weiterhin bergen Fußgängerüberwege mit Lichtzeichen und „Zebrastreifen" ein erhöhtes Kollisionsrisiko zwischen Fußgängern und Fahrzeugen (siehe Kapitel 1.1.1). Die Identifizierung der entsprechenden Bereiche kann beispielsweise anhand von in Kartendaten enthaltenen Informationen sowie den entsprechenden Warnschildern (z.B. „Achtung Kinder") erfolgen.

- **Dynamische Umgebungsdaten:** Besteht ein erhöhtes Risiko einer Kollision mit einem Fußgänger (ab Kollisionsrisiko 1, Tabelle 3.1), soll eine Überschreitung der zulässigen Höchstgeschwindigkeit verhindert werden.

Wird eine Fahrsituation mit erhöhtem Gefahrenpotential erkannt, wird der Parameter $Q_{\xi_{v_x}}$ stark erhöht und auf diese Weise eine Einhaltung der zulässigen Höchstgeschwindigkeit erzwungen.

Falls keine Fahrsituation mit erhöhtem Gefahrenpotential erkannt wird, wird durch eine entsprechende Senkung der Gewichtung der Slackvariablen $Q_{\xi_{v_x}}$ eine Überschreitung der zulässigen Höchstgeschwindigkeit erlaubt. Trotz des geringeren Gefahrenpotentials bleibt die Anforderung an das System bestehen, dass der Fahrer bei der Wahl einer regelkonformen Fahrgeschwindigkeit unterstützt wird. Eine große Herausforderung besteht darin, einen möglichst großen Systemnutzen bei gleichzeitig hoher Fahrerakzeptanz zu erreichen. Das bei dieser Problemstellung zu erwartende Spannungsfeld zwischen Fahrerakzeptanz und Systemnutzen ist in Abbildung 3.11 dargestellt: Ein sportlicher Fahrer legt möglicherweise keinen Wert auf den Eingriff in das Geschwindigkeitsverhalten des Fahrzeuges und einer damit verbundenen Reduzierung der Fahrgeschwindigkeit. Daher wird eine geringe Fahrerakzeptanz für hohe Eingriffsintensitäten erwartet. Mit dem Absenken der Eingriffsintensität steigt folglich die Akzeptanz an.

Ein ausgeglichener Fahrer hingegen wird eine gewisse Unterstützung durch das Assistenzsystem erwarten, will jedoch trotzdem nicht vom System bevormundet werden. Dies resultiert in einem Maximum in der Akzeptanz bei der vom Fahrer als angenehm empfundenen Eingriffsintensität. Für zu hohe Eingriffsintensitäten ist auch hier eine Absenkung der Fahrerakzeptanz zu erwarten.

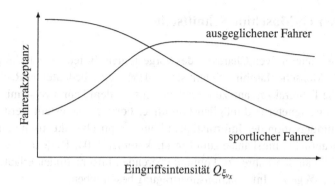

Abbildung 3.11: Qualitative Zusammenhänge zwischen Fahrerakzeptanz und Eingriffsintensität für sportliche und ausgeglichene Fahrertypen

Wie im Schaubild dargestellt, spielt bei der Auswahl der Eingriffsintensität $Q_{\xi_{v_x}}$ der individuelle Fahrstil sowie die generelle Akzeptanz gegenüber Assistenzsystemen eine wesentliche Rolle. In Kapitel 4 wird mithilfe einer Probandenstudie im Fahrsimulator ein möglichst allgemeingültiger Wert für die Eingriffsintensität identifiziert. Dabei wird sowohl die Fahrerakzeptanz als auch der Systemnutzen berücksichtigt.

Realisierung einer Kickdown-Funktion für sicherheitsrelevante Beschleunigungsmanöver

In Situationen, in denen eine Beschleunigung des Fahrzeugs zur Vermeidung von Unfällen unbedingt nötig ist, muss sich der Fahrer auf das Beschleunigungsvermögen des Fahrzeuges verlassen können. Deshalb wird eine Kickdown-Funktion implementiert. Ab einer Fahrpedalstellung $\gamma_{req} = 0,8$ wird hierfür die Eingriffsintensität $Q_{\xi_{v_x}}$ stark abgesenkt. Um einen ungewollten stationären Betrieb in diesem Bereich zu vermeiden, wird mithilfe eines aktiven Fahrpedals ein starker Gegendruck erzeugt (siehe Kapitel 3.5.2).

3.5 Mensch-Maschine Schnittstelle

Durch den interaktiven Charakter des vorgestellten Systems spielt die Gestaltung der Mensch-Maschine Schnittstelle (HMI) eine bedeutende Rolle. Um eine hohe Fahrerakzeptanz zu erreichen, müssen dem Fahrer Systeminformationen in geeigneter und möglichst intuitiver Form bereitgestellt werden. Für die Kommunikation der Informationen können optische, akustische und haptische Wahrnehmungskanäle zum Einsatz kommen [104, 105]. Im Folgenden werden die an den Fahrer zu kommunizierenden Informationen erläutert und geeignete Wege zur Informationsübertragung beschrieben.

Während der Fahrt mit Unterstützung durch die sicherheitsoptimierte Längsführungsassistenz muss eine Vielzahl an Informationen zwischen Fahrer und System kommuniziert werden. Um eine Überflutung des Fahrers mit Informationen zu vermeiden, werden in Tabelle 3.2 zunächst die wichtigsten zu vermittelnden Informationen definiert. Weiterhin werden für die jeweiligen Informationen geeignete Wahrnehmungskanäle identifiziert. Basierend auf der dargestellten Tabelle wird im Folgenden die Umsetzung der Benutzerschnittstellen beschrieben.

3.5.1 Grafische und akustische Benutzerschnittstelle

Für die Anzeige visueller Daten wird ein 8 Zoll Tablet-Computer verwendet, der drahtlos an die Simulationsumgebung angebunden ist. Das Anzeigeelement ist zentral oberhalb der Mittelkonsole angebracht. Die vom Assistenzsystem bereitgestellten Daten werden von einer Android Applikation ausgewertet und visuell aufbereitet. Gemäß Tabelle 3.2 sollen Informationen bezüglich der aktuellen zulässigen Höchstgeschwindigkeit, der Änderung der zulässigen Höchstgeschwindigkeit, der aktuell erkannten dynamischen Objekte, der Änderung des Gefahrenpotentiales sowie eine Kollisionswarnung im Display dargestellt werden. Die grafische Benutzeroberfläche ist in Abbildung 3.12 dargestellt.

Im Display wird die aktuell zulässige Höchstgeschwindigkeit unten links dargestellt. Die zukünftige zulässige Höchstgeschwindigkeit wird links im hinteren Teil der stilisierten Fahrbahn als Begrenzungsschild angezeigt sobald diese im elektronischen Horizont auftaucht. Nähert sich das Fahrzeug der Geschwin-

Tabelle 3.2: Zu vermittelnde Informationen und mögliche Wahrnehmungskanäle

	Wahrnehmungskanal		
Information	visuell	akustisch	haptisch
aktuelle zulässige Höchstgeschwindigkeit	+	-	-
Änderung der zulässigen Höchstgeschwindigkeit	+	o	o
aktuell erkannte Objekte (Fahrzeuge, Fußgänger)	+	-	-
aktuelles Gefahrenpotential	o	o	+
Änderung des Gefahrenpotentials	+	+	o
Kollisionswarnung	+	+	+

+ gut geeignet   o Anwendung möglich   - ungeeignet

 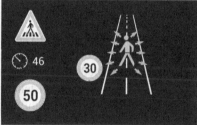

(a) gesteigertes Gefahrenpotential   **(b)** Notbremsmanöver

Abbildung 3.12: Anzeigen im visuellen Display

digkeitsänderung, bewegt sich das Begrenzungsschild auf den Fahrer zu. Sobald die neue Geschwindigkeitsbegrenzung gilt, springt das Begrenzungsschild in die linke untere Ecke (gepunktete Pfeile). Direkt über der aktuellen zulässigen Höchstgeschwindigkeit wird die aktuelle Fahrzeuggeschwindigkeit angezeigt. Werden Gebiete durchfahren, die ein besonderes Gefahrenpotential aufweisen (Zebrastreifen, Schulwege,...) wird in der oberen linken Ecke ein Warnschild angezeigt und einmalig ein akustisches Signal abgespielt um den Fahrer auf eine Änderung des Gefahrenpotentials aufmerksam zu machen. Wird ein Fußgänger vom Sensorsystem erfasst, wird dies durch ein grünes Fußgängersymbol rechts neben der stilisierten Straße angezeigt. Kommt es zu einer Kollisionssituation (ab Kollisionsrisikoklasse 2) wird ein roter blinkender Fußgänger auf der Fahrbahn eingeblendet (graue Pfeile) und ein lauter Warnton abgespielt.

3.5.2 Aktives Fahrpedal

Als wichtige Kommunikationsschnittstelle zwischen Fahrer und sicherheitsoptimierter Längsführungsassistenz kommt ein aktives Fahrpedal zum Einsatz. Das aktive Fahrpedal bietet den Vorteil Informationen bidirektional zu übertragen: Der Fahrer gibt über das Fahrpedal den Fahrerwunsch vor. Andersherum kann das System bei Überschreitungen der zulässigen Höchstgeschwindigkeit oder einer potentiellen Gefahrensituation einen Gegendruck am Fahrpedal erzeugen. Die Vorteile der haptischen Informationsübertragung liegen vor allem in der Verringerung der visuellen Anforderungen [48] und den kürzeren Reaktionszeiten [106]. Eine Übersicht über die Verwendung von haptischem Feedback in verschiedenen Automatisierungsgraden gibt [107].

Das aktive Fahrpedal soll den Fahrer in kontinuierlicher Art und Weise auf eine Überschreitung der optimalen Geschwindigkeit (Systemeingriff) hinweisen. Als direktes Maß für einen Systemeingriff kann unmittelbar die Differenz aus geforderter Fahrpedalstellung γ_{req} und optimierter Fahrpedalstellung γ_{opt} herangezogen werden. Mithilfe einer veränderlichen Fahrpedalkennlinie wird dem Fahrer so die Intensität eines Systemeingriffes kommuniziert: Resultiert eine vom Fahrer vorgegebene Fahrpedalstellung γ_{req} in einer Überschreitung der Geschwindigkeitsbeschränkung, wird ein Gegendruck am Fahrpedal erzeugt. Die zugehörige Kennlinie ist in Abbildung 3.13a dargestellt. Dabei ist die Abweichung der angeforderten von der optimalen Fahrpedalstellung $\gamma_{req} - \gamma_{opt}$ gegenüber der Gegenkraft $F_{fp,r}$ aufgetragen. Die Gegenkraft steigt zu Beginn des Systemeingriffes zunächst steil an. Dadurch erhält der Fahrer ein direktes Feedback zum Eingriffszeitpunkt. Anschließend steigt die Gegenkraft proportional mit der Überschreitung der optimalen Fahrpedalstellung an. Für Situationen, in denen ein zügiges Beschleunigen unbedingt nötig ist, wird eine Kickdown-Funktion ab einer Fahrpedalstellung von $\gamma_{req} = 0,8$ realisiert

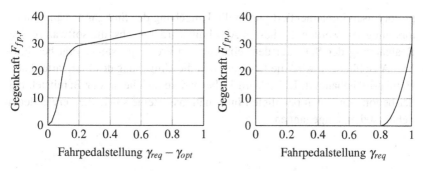

(a) Gegenkräfte bei Systemeingriff   **(b)** Gegenkräfte bei Kickdown

Abbildung 3.13: Kennlinien der Gegenkräfte im aktiven Fahrpedal

(siehe Kapitel 3.4.3). In diesem Bereich wird zusätzlich die aus der in Abbildung 3.13b dargestellten Kennlinie resultierende Kraft $F_{fp,o}$ auf das Fahrpedal aufgebracht. Für die Gesamtkraft gilt demnach:

$$F_{fp} = F_{fp,r} + F_{fp,o} \qquad \text{Gl. 3.26}$$

3.5.3 Vestibuläres Feedback

Neben der Information des Fahrers durch reine Informationssysteme (visuell, akustisch und haptisch) haben Eingriffe des Assistenzsystems in die Fahrzeugdynamik ebenfalls indirekt einen informativen Charakter für den Fahrer. So werden vor allem (schwache) Systemeingriffe, die in Fahrzeuglängs- oder Querbeschleunigungen resultieren, direkt über das Gleichgewichtsorgan des Fahrers registriert. Daher ist besonders im Zusammenhang mit Driver in the Loop Tests des Systems auf eine realistische Darstellung der entsprechenden Reize im Fahrsimulator zu achten.

3.6 Realisierung der SOL im Stuttgarter Fahrsimulator

Für die Durchführung von Fahrbarkeitsuntersuchungen und der Durchführung der in dieser Arbeit in Kapitel 4 vorgestellten Probandenstudie muss die SOL prototypisch implementiert und in die Umgebung des Stuttgarter Fahrsimulators integriert werden. In diesem Abschnitt wird zunächst die softwareseitige Realisierung der SOL auf dem eingesetzten Prototypensteuergerät beschrieben. Anschließend wird die Integration in die Umgebung des Stuttgarter Fahrsimulators behandelt. Dabei wird insbesondere auf die an der Bereitstellung der benötigten Daten beteiligten Informationssysteme sowie die verwendeten Schnittstellen eingegangen.

3.6.1 Implementierung

Um innerhalb der modular aufgebauten Fahrsimulatorumgebung möglichst geringe Latenzzeiten zu erzielen sowie die Integrität der zwischen Rechnern und Steuergeräten ausgetauschten Daten sicherzustellen, werden an die enthaltenen Komponenten *harte Echtzeitanforderungen* gestellt. Da die Lösung des der SOL zugrundeliegenden Optimalsteuerungsproblems ressourcenintensiv ist und gleichzeitig kurze Berechnungszeiten erzielt werden sollen, wird als Plattform für die Implementierung der SOL ein leistungsfähiger Fahrzeugrechner mit Intel Core I7 Prozessor eingesetzt. Um die harten Echtzeitanforderungen zu erfüllen, wird als Betriebssystem ein Linux Kernel mit Xenomai Patch eingesetzt [65, 108]. Für die in Xenomai implementierten Echtzeitprogramme übernehmen ein *real-time scheduler* die Verwaltung der entsprechenden Tasks und ein spezieller Interrupthandler die Priorisierung jeglicher Interrupts innerhalb des Realtime-Kernels. Dadurch werden eine deterministische Programmabfolge und harte Echtzeit garantiert. Xenomai stellt unter anderem eine API in der Programmiersprache C zur Verfügung, die grundlegende Mechanismen für die Echtzeitprogrammierung bereitstellt.

Die SOL wurde in Anlehnung an die in Kapitel 3.2 vorgestellte Systemarchitektur implementiert. Da der Schwerpunkt der Fahrsimulatoruntersuchungen auf der Evaluierung des Systemnutzens und der Fahrerakzeptanz liegt, wurden bei der Implementierung des Systems einige vereinfachende Annahmen getroffen. In den durchgeführten Simulationsversuchen ist die Fahrzeugmasse konstant. Weiterhin wird eine Teststrecke ohne Steigungen verwendet (siehe Kapitel 4.2.2). Daher ist der Modellfehler e_{mdl} vernachlässigbar klein. Für die prototypische Realisierung im Fahrsimulator wurde aus diesem Grund auf die Implementierung eines Moduls zur Fehlerschätzung verzichtet. Für die Berücksichtigung dynamischer Objekte werden ideale Sensorsignale angenommen und Objekteigenschaften von der Simulationsumgebung als Objektlisten bereitgestellt. Statische Streckenattribute (zulässige Höchstgeschwindigkeit, POIs, etc.) werden gemäß der ADASIS Spezifikationen aus dem elektronischen Horizont extrahiert [102].

Wie in Kapitel 2.5.2 beschrieben, muss das in der SOL für die Trajektorienoptimierung eingesetzte Optimalsteuerungsproblem innerhalb enger zeitlicher Grenzen gelöst werden. Im Rahmen dieser Arbeit wurde ein direktes Lösungsverfahren angewandt. Die Implementierung wurde mithilfe des ACADO Toolkits realisiert mit dessen Hilfe ein hocheffizienter C-Code für die Lösung nichtlinearer Optimalsteuerungsprobleme generiert werden kann (siehe Kapitel 2.5.3) [87, 88].

Die für die Lösung des Problems benötigte Rechenzeit skaliert mit der Anzahl der Zeitschritte innerhalb des Prädiktionshorizontes. Der minimale Vorausschauhorizont $T_{opt,min}$ des Systems ergibt sich aus der maximal zu erwartenden Verzögerung $a_{verz,max}$, der Ansprechzeit des Bremssystems t_a und der Maximalgeschwindigkeit $v_{x,max}$, mit der beim Auftauchen eines Hindernisses eine rechtzeitige Notbremsung bis zum Stillstand erreicht werden soll zu

$$T_{opt,min} = -\frac{v_{x,max}}{a_{verz,max}} + t_a. \qquad \text{Gl. 3.27}$$

Das System soll bis zu einer Geschwindigkeit von 130 km/h ausgelegt werden. Die bei einer Notbremsung zu erwartende Verzögerung liegt bei etwa $a_{verz,max} = -8 \, \text{m/s}^2$. Mit einer mittleren Ansprechzeit von $t_a = 0,2$ s ergibt sich ein minimaler Vorausschauhorizont von $T_{opt,min} = 4,71$ s. Basierend auf diesen Überlegungen wurde der Prädiktionshorizont auf $T_{opt} = 5$ s festgelegt. Experimentell wurden für das betrachtete Optimierungsproblem bei einer Diskretisierung in $N = 25$ Zeitschritte hinreichend kurze Lösungszeiten ermittelt. Daraus ergibt sich eine Zeitschrittweite im Prädiktionshorizont von $\Delta T = 0,2$ s. In der Praxis ergibt sich eine mittlere Berechnungszeit von $T_{calc} = 5,26$ ms bei einer Standardabweichung von $\sigma_{T_{calc}} = 0,99$ ms. Die maximale Berechnungszeit lag während der in dieser Arbeit vorgestellten Probandenstudie bei $T_{calc,max} = 24,9$ ms.

Da die Berechnungszeiten für die Lösung des Optimalsteuerungsproblems in der Regel deutlich kürzer sind als die Zykluszeit von $\Delta T_{mpc} = 100$ ms, sind die in Kapitel 2.5.2 angesprochenen während der Lösung auftretenden Änderungen der Systemzustände vernachlässigbar. Daher wird auf die Implementierung einer Zeitschrittverschiebung für die modellprädiktive Regelung verzichtet.

3.6.2 Anbindung an die Simulationsumgebung

Die im vorherigen Abschnitt beschriebene Prototypenplattform wurde in die Simulationsumgebung des Stuttgarter Fahrsimulators eingebunden. Eine schematische Darstellung ist in Abbildung 3.14 gegeben. Der SOL müssen aus der

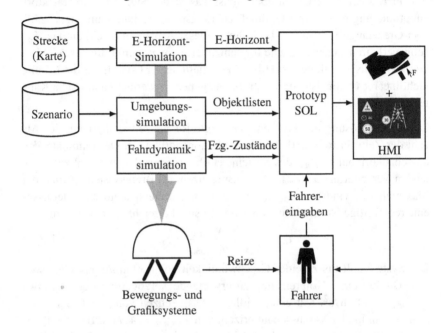

Abbildung 3.14: Schnittstellen für die Integration der SOL in die Fahrsimulatorumgebung

Simulationsumgebung Fahrdynamik- und Sensordaten bereitgestellt werden. Als Datenbasen werden dafür eine *Strecke* und ein *Szenario* benötigt. In der Strecke ist das Straßennetzwerk mit all seinen Eigenschaften definiert. Dazu zählen alle statischen Eigenschaften einer Strecke, unter anderem die Straßengeometrie, Fahrspuren, Geschwindigkeitsbeschränkungen sowie Fußgängerüberwege. Im Szenario werden alle dynamischen Eigenschaften der Umgebung definiert. Hierzu zählen vor allem Fremdobjekte wie Fahrzeuge und Fußgänger mit all ihren Eigenschaften (Erscheinungsbild, Position und Verhalten). Sowohl Strecke als auch Szenario sind in den jeweils standardisierten und offenen Formaten OpenDRIVE bzw. OpenSCENARIO definiert [64].

Basierend auf den in der Streckendatenbank enthaltenen Informationen und der von der Fahrdynamiksimulation bereitgestellten Fahrzeugposition generiert eine *E-Horizont Simulation* einen elektronischen Horizont im ADASIS[9] Protokoll. Aus dem Szenario werden von der *Umgebungssimulation* dynamische Objekte in der Umgebung des Fahrzeuges extrahiert und in Form von Objektlisten zur Verfügung gestellt. Die Objektlisten enthalten für jedes Objekt den Objekttyp (Fußgänger, Fahrrad, Auto etc.) sowie die Position relativ zum Egofahrzeug und die Bewegungszustände.

Die Fahrdynamiksimulation berechnet, basierend auf den Eingaben des Fahrers bzw. den Stellsignalen des Assistenzsystems, die Fahrzeugbewegung des Eigenfahrzeuges. Die entstehenden Beschleunigungen und Drehraten werden dem Fahrer mithilfe des Bewegungssystems sowie geeigneter Motion-Cueing-Algorithmen präsentiert. Weiterhin werden die Strecke sowie aus der Umgebungssimulation stammende Objekte mithilfe des Grafiksystems visualisiert. Durch die so entstehenden Reize wird dem Fahrer ein realistisches Fahrgefühl vermittelt.

Die aus der SOL stammenden Daten, die der Information des Fahrers dienen, werden über eine HMI Schnittstelle an die Informations- und Bedienelemente innerhalb der Fahrsimulatorumgebung übergeben. So können das aktive Fahrpedal sowie das grafische und akustische Anzeigesystem angesteuert werden.

---

[9] Advanced Driver Assistance System Interface Specifications

4 Potentialanalyse im Fahrsimulator

Da das in den vorangegangenen Kapiteln vorgestellte Konzept der SOL einen hohen Grad an Fahrerinteraktion aufweist, ist neben der Erhebung des Systemnutzens die Untersuchung der Fahrerakzeptanz von großer Bedeutung. Das Auftreten unterschiedlicher Intentionen von Fahrer und Assistenzsystem kann zu Konfliktsituationen führen, deren Lösung zu einer Senkung der Fahrerakzeptanz führen kann. Um eine aktive Nutzung des Systems durch den Fahrer zu gewährleisten, wird ein hohes Maß an Fahrerakzeptanz bei gleichzeitig hohem Nutzen gefordert. Nur durch die Gewährleistung eines hohen Niveaus der Fahrerakzeptanz kann eine hohe Marktdurchdringung erreicht werden.

Vor diesem Hintergrund wird in diesem Kapitel die SOL mithilfe einer umfangreichen Probandenstudie im Stuttgarter Fahrsimulator untersucht und validiert. Dazu werden zunächst konkrete Studienziele definiert und ein Versuchsplan erstellt. Schließlich werden die während der Studie erhobenen Daten ausgewertet und die Ergebnisse vorgestellt.

4.1 Studienziele

Im Rahmen der durchgeführten Probandenstudie soll der Systemnutzen und die Fahrerakzeptanz bei der Nutzung der SOL nachgewiesen werden. Wie bereits erläutert, ist ein hoher Nutzen dann gegeben, wenn das System zu einer Absenkung der Fahrgeschwindigkeit beiträgt und damit das Unfallrisiko mindert. Über die Parametrierung der Eingriffsintensität wird die Kontrollautorität zwischen Fahrer und SOL verschoben. Insbesondere soll daher der Einfluss der Eingriffsintensität auf Nutzen und Fahrerakzeptanz untersucht werden. Schließlich soll das Potential der Funktion anhand der durch die Geschwindigkeitsreduzierung erzielten Bremswegeinsparungen aufgezeigt werden. Konkret sollen folgende Hypothesen betrachtet und bestätigt werden:

1. Die Nutzung des Systems führt zu einer Reduzierung der Fahrgeschwindigkeit in potentiell gefährlichen Situationen.

© Springer Fachmedien Wiesbaden GmbH, ein Teil von Springer Nature 2018
T. Rothermel, *Ein Assistenzsystem für die sicherheitsoptimierte Längsführung von E-Fahrzeugen im urbanen Umfeld*, Wissenschaftliche Reihe Fahrzeugtechnik Universität Stuttgart, https://doi.org/10.1007/978-3-658-23337-2_4

2. Mithilfe der SOL werden Fahrer mit sehr hohen Durchschnittsgeschwindigkeiten zu einer gemäßigten Fahrweise bewegt.

3. Führt eine potentiell gefährliche Situation zu einer kritischen Gefahrensituation, die eine Notbremsung erfordert, entsteht ein Bremswegvorteil durch
   eine geringere Ausgangsgeschwindigkeit sowie ein Zeitvorteil durch Reak-
   tionszeiteinsparungen.

4. Die Fahrerakzeptanz kann durch die Verwendung weicher Begrenzungen
   der Fahrgeschwindigkeit im Gegensatz zu harten Begrenzungen der Fahrgeschwindigkeit gesteigert werden.

4.2 Versuchsplan

Für die Untersuchung der sicherheitsoptimierten Längsführungsassistenz bezüglich der eingangs beschriebenen Hypothesen wurde ein Versuchsplan aufgestellt. In diesem werden die Rahmenbedingungen und der Ablauf des Ver-
suchs definiert. Im Folgenden wird der Versuchsplan beschrieben. Dabei wird
auf die Zusammenstellung eines geeigneten Probandenkollektivs, die Erstel-
lung einer geeigneten Versuchsstrecke und des Szenarios sowie die Versuchs-
durchführung eingegangen.

4.2.1 Probandenkollektiv

Für eine Untersuchung der SOL im Fahrsimulator muss ein Probandenkollek-
tiv zusammengestellt werden, welches der Grundgesamtheit der potentiellen
Nutzer solcher Systeme möglichst nahe kommt. Da jeder Autofahrer ein po-
tentieller Nutzer des zu untersuchenden Systems ist, wird als Grundgesamtheit
die autofahrende Bevölkerung Deutschlands gemäß des Tabellenbandes „Mobilität in Deutschland 2008" (MID) herangezogen [109]. Aus dieser Grundgesamtheit wird anhand der demografischen Merkmale „Alter" und „Geschlecht"
eine Stichprobe zusammengestellt. Das Merkmal „Alter" wird in drei Gruppen
(18-39 Jahre, 40-59 Jahre, 60 und mehr Jahre) eingeteilt. Damit ergeben sich 6
Untergruppen für die möglichen Kombinationen der Merkmale. Damit die Untergruppen selbst den statistischen Anforderungen genügen, empfiehlt [110]

für die Ermittlung des benötigten Stichprobenumfangs die Anzahl der Untergruppen mit $3 - 10$ zu multiplizieren. Unter Berücksichtigung der Gleichverteilungshypothese[10] wird eine Mindestprobandenanzahl von $n_P = 30$ benötigt.

Nach der Durchführung der Fahrsimulatorstudie stehen von einer Anzahl von $n_P = 34$ Probanden gültige Datensätze zur Auswertung zur Verfügung. In Abbildung 4.1 sind, basierend auf der Grundgesamtheit, die Untergruppengröße sowie die tatsächlich in der Stichprobe auftretende Untergruppengröße dargestellt. Da die angestrebte und tatsächliche Zusammensetzung des Kollektivs in

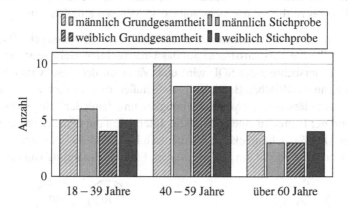

Abbildung 4.1: Angestrebte und tatsächliche Zusammensetzung des Probandenkollektivs bei $n_P = 34$

guter Näherung übereinstimmen, ist davon auszugehen, dass die in der Probandenstudie erhobenen Ergebnisse für die Grundgesamtheit repräsentativ sind.

4.2.2 Virtuelle Versuchsstrecke und Szenario

Die verwendete virtuelle Versuchsstrecke muss eine Vielzahl von Randbedingungen und Kriterien erfüllen: Die Strecke muss derart beschaffen sein, dass Systemgrenzen des Moving-Base-Simulators eingehalten werden und somit eine realistische Bewegungsdarstellung ermöglicht wird. Beispielsweise sind

---

[10]   Gleichverteilungshypothese: Ab einer Stichprobengröße von $n_P = 30$ sind die Mittelwerte der Mittelwerte der zu untersuchenden Messgrößen normalverteilt.

Manöver mit hohen Gierraten und -beschleunigungen, wie sie bei Abbiege-
manövern oder in Kreisverkehren auftreten, nicht realistisch darzustellen und
sollten deshalb vermieden werden. Durch eine Berücksichtigung der Systemgrenzen beim Streckenentwurf wird die Beeinflussung der Probanden oder gar
ein Versuchsabbruch durch eine eventuell auftretende Simulatorkrankheit minimiert [56]. Neben der Einhaltung der Systemgrenzen muss die Gestaltung
der virtuellen Teststrecke möglichst realitätsnah sein, um einen hohen Grad
an Immersion zu ermöglichen. Um die Konzentration der Probanden über den
gesamten Versuchszeitraum sicherzustellen, muss das Befahren der Strecke innerhalb eines zeitlichen Rahmens von ca. 45 Minuten möglich sein.

Um den erhobenen Versuchsdaten eine möglichst große Aussagekraft zu ver-
leihen, sollte die Versuchsstrecke auf das Untersuchungsziel abgestimmt sein.
Für die Untersuchung der SOL wird eine Variation der Geschwindigkeit sowohl im innerstädtischen Bereich, als auch außerorts gefordert. Durch die Variation der zulässigen Höchstgeschwindigkeit und damit der Fahrgeschwindigkeit wird der Fahrer zu einer verstärkten Interaktion mit dem Assistenzsystem
bewegt. Die Versuchsstrecke ist schematisch in Abbildung 4.2 dargestellt und
ist als Rundkurs von 24 km Länge gestaltet. Für eine Befahrung von zwei Run-

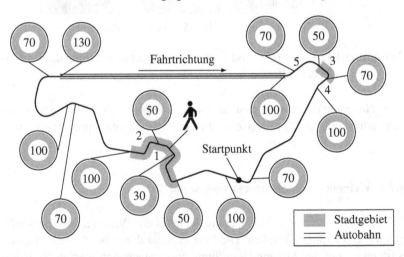

Abbildung 4.2: Versuchsstrecke mit Geschwindigkeitsbegrenzungen,
              Fahrtrichtung im Uhrzeigersinn

den auf dem Rundkurs benötigen die Probanden durchschnittlich 40 Minuten.
Der Rundkurs beinhaltet zwei Abschnitte im Stadtgebiet die sowohl realitäts-

nah modellierte Wohn- als auch Geschäftsgebiete beinhalten. Außerorts werden sowohl Landstraßenabschnitte als auch ein Autobahnabschnitt befahren. Der Übergang von Landstraße zu Autobahn ist als Baustelle gestaltet.

Neben den statischen Streckenmerkmalen werden im Szenario auch dynamische Objekte wie Fremdverkehr und Fußgänger modelliert. Das Verhalten der dynamischen Objekte ist im Szenario definiert. Um einen realistischen Gesamteindruck in der virtuellen Umgebung zu schaffen, wird Fremdverkehr („Pulk Traffic") eingefügt. Dieser verfügt über eine gewisse Eigenintelligenz, kann aber parametriert und angepasst werden. Um eine Beeinflussung der Fahrgeschwindigkeit durch den Fremdverkehr auszuschließen, wird dieser so parametriert, dass ein Ausbremsen des eigenen Fahrzeuges verhindert wird. Innerhalb geschlossener Ortschaften werden zusätzlich Fußgänger simuliert, die sich auf den Gehwegen und stets abseits der Fahrbahn auf definierten Bahnen fortbewegen.

Um das Notbremsmanöver zu initiieren, wird ein Fußgänger getriggert. Dieser erscheint im Stadtgebiet in einer Tempo 30 Zone (siehe Abbildung 4.2, Fußgängersymbol) hinter einer Häuserecke und überquert unvermittelt die Fahrbahn an einem Zebrastreifen. Die detaillierte Beschreibung dieses Manövers folgt in Abschnitt 4.3.3.

4.2.3 Datenerhebung

Während der Versuchsfahrt werden im Hinblick auf die Untersuchungsziele subjektive und objektive Daten erhoben. Subjektive Daten werden während der Studie mithilfe von Fragebögen erhoben. Neben der Erfassung der allgemeinen Einstellung gegenüber der Automobilität und dem assistierten und automatisierten Fahren spielt insbesondere die Erhebung der Fahrerakzeptanz für die Potentialabschätzung der Funktion eine wichtige Rolle. Van der Laan stellt in [111] einen Fragebogen vor, mit dessen Hilfe ein vergleichbarer Wert für die Fahrerakzeptanz ermittelt werden kann. Die Methode hat sich in den vergangenen Jahren als Standard herausgestellt und wird in zahlreichen Veröffentlichungen verwendet (z.B. [112–114]). Der Fragebogen ist in Tabelle 4.1 dargestellt: Er besteht aus 9 Fragen und kann innerhalb kurzer Zeit beantwortet werden.

Zur Auswertung werden die einzelnen Fragen von +2 (links) bis -2 (rechts) bewertet. Fragen 3, 6 und 8 sind gespiegelt und werden von -2 (links) bis +2 (rechts) gewertet. Der Wert für die Bewertung des Nutzens der Funktion ergibt sich dann aus dem Durchschnitt der Bewertungen der Fragen 1, 3, 5, 7 und 9. Der Wert für die Bewertung der Zufriedenheit ergibt sich aus dem Durchschnitt der verbleibenden Bewertungen der Fragen 2, 4, 6 und 8.

Tabelle 4.1: Befragung der Probanden zur Fahrerakzeptanz nach van der Laan [111]

Bitte beurteilen Sie jetzt das System. Lesen Sie hierfür aufmerksam jedes Wortpaar und machen Sie jeweils ein Kreuz pro Zeile.		
1.	Nützlich ☐ ☐ ☐ ☐ ☐	Nutzlos
2.	Angenehm ☐ ☐ ☐ ☐ ☐	Unangenehm
3.	Schlecht ☐ ☐ ☐ ☐ ☐	Gut
4.	Nett ☐ ☐ ☐ ☐ ☐	Nervig
5.	Effizient ☐ ☐ ☐ ☐ ☐	Unnötig
6.	Ärgerlich ☐ ☐ ☐ ☐ ☐	Erfreulich
7.	Hilfreich ☐ ☐ ☐ ☐ ☐	Wertlos
8.	Nicht wünschenswert ☐ ☐ ☐ ☐ ☐	Wünschenswert
9.	Aktivierend ☐ ☐ ☐ ☐ ☐	Einschläfernd

Um den objektiven Nutzen des Systems zu erheben, werden Fahrereingaben, Fahrdynamikgrößen, Systemgrößen sowie Umgebungsdaten (zulässige Höchstgeschwindigkeit und Fremdobjekte) aufgezeichnet. Als wichtigste charakteristische Größe für die Bewertung des Nutzens der SOL dient im Folgenden die Fahrzeuggeschwindigkeit v_x.

4.2.4 Gestaltung des Versuchsablaufs

Der Gestaltung des Versuchsablaufs kommt eine besondere Bedeutung zu, da diese die Qualität und Aussagekraft der subjektiv und objektiv erhobenen Daten wesentlich beeinflusst. So gilt es, beispielsweise Einflüsse von Reihenfolgen-, Gewöhnungs- und Ermüdungseffekten in den Ergebnissen zu minimieren. Die Befragung zu subjektiven Eindrücken sollte zeitlich unmittelbar nach dem Erleben einer Situation erfolgen, um Einflüsse von Fremdeindrücken und die Verblassung der erfahrenen Eindrücke auszuschließen [115].

Untersuchungsspezifische Randbedingungen

Die sicherheitsoptimierte Längsführungsassistenz soll von jedem Probanden mit drei unterschiedlichen Eingriffsintensitäten gefahren werden. Die zu testenden Parametrierungen für die Eingriffsintensität wurden in einem Vorversuch im Fahrsimulator identifiziert und sind in Tabelle 4.2 dargestellt. Um das Geschwindigkeitsverhalten der Probanden bei den Eingriffsintensitäten „leicht", „mittel" und „hoch" miteinander vergleichen zu können, sollen die Probanden mit jeder dieser Parametrierungen eine komplette Runde auf dem in Abschnitt 4.2.2 beschriebenen Rundkurs zurücklegen. Um Reihenfolgen- und Gewöhnungseffekte auszuschließen, wird die Reihenfolge der Eingriffsintensitäten zwischen den Probanden permutiert. Um den Nutzen des Assistenzsystems in Bereichen mit hohem Gefahrenpotential abzuschätzen, soll eine Situation mit einer sehr starken Eingriffsintensität unmittelbar vor dem Auftreten einer Gefahrensituation mit Notbremsmanöver getestet werden.

Versuchsablauf

Insgesamt absolviert jeder Proband 4 Runden auf der Versuchsstrecke. Um einer Ermüdung der Probanden gegen Fahrtende vorzubeugen, finden die Versuche an zwei Versuchstagen statt. Während des kompletten Versuchsablaufes werden die Probanden von einem Versuchsleiter betreut und angeleitet.

Am ersten Versuchstag füllen die Probanden vor der Fahrt im Fahrsimulator eine schriftliche Vorbefragung aus. Im Rahmen dieser Vorbefragung wird unter Anderem die Funktion der sicherheitsoptimierten Längsführungsassistenz schriftlich erläutert. Weiterhin wird mithilfe der Van der Laan Score die Erwartung an das System erhoben. Nach der Vorbefragung werden die Versuchsteilnehmer in das Versuchsfahrzeug eingewiesen. Um sich mit dem Verhalten des Fahrzeuges vertraut zu machen, absolvieren die Probanden zunächst bei einer Eingewöhnungsfahrt eine Runde auf dem Rundkurs bei deaktiviertem System. Anschließend findet eine Fahrt bei aktiviertem System mit der ersten Parametrierung[11] statt. Unmittelbar nach Beendigung dieser Fahrt, wird die Fahrerakzeptanz in einer Zwischenbefragung nach Van der Laan erhoben.

---

[11] In Abhängigkeit der dem Probanden zugewiesenen Permutation „leicht",„mittel" oder „stark".

Am zweiten Versuchstag werden zwei Runden mit aktiviertem System und den jeweils verbleibenden Parametrierungen auf der Versuchstrecke zurückgelegt. Nach jeder gefahrenen Runde (Parametrierung 2 und 3), hält der Proband in einer Haltebucht und füllt eine Zwischenbefragung zur Fahrerakzeptanz nach van der Laan aus. Im Anschluss setzt der Proband die Fahrt fort und durchfährt noch einmal die Ortschaft. Bei dieser letzten Ortsdurchfahrt wird in der 30er Zone das Notbremsmanöver getriggert. Für die genaue Beschreibung des Manövers, siehe 4.3.3. Wurde das Notbremsmanöver absolviert, ist die Versuchsfahrt beendet und die Schlussbefragung wird durchgeführt.

Tabelle 4.2: Übersicht über die getesteten Eingriffsintensitäten

	Eingriffs-intensität	Beschreibung
$Q_{\xi_{v_x}} = 1$	leicht	Das System greift nur leicht in die Fahrzeuglängsdynamik ein. Am Fahrpedal ist der Gegendruck bei Überschreitung der zulässigen Höchstgeschwindigkeit kaum wahrnehmbar.
$Q_{\xi_{v_x}} = 5$	mittel	Das System greift mittelstark in die Fahrzeuglängsführung ein. Bei Überschreitung der zulässigen Höchstgeschwindigkeit ist eine Drosselung der Fahrzeuggeschwindigkeit und ein Gegendruck am Fahrpedal deutlich zu spüren.
$Q_{\xi_{v_x}} = 10$	stark	Das System greift stark in die Fahrzeuglängs-dynamik ein. Eine Überschreitung der zulässigen Höchstgeschwindigkeit ist nur noch durch eine starke Fahrpedalbetätigung möglich. Der Gegendruck am Fahrpedal ist dabei stark und deutlich wahrzunehmen.
$Q_{\xi_{v_x}} = 10^3$	sehr stark	Das System lässt faktisch keine Überschreitung der zulässigen Höchstgeschwindigkeit zu. Wird versucht die zulässige Höchstgeschwindigkeit zu überschreiten, entsteht ein sehr starker Gegendruck am Fahrpedal.

4.3 Ergebnisse der Probandenstudie

In diesem Abschnitt werden die während der Probandenstudie erhobenen Daten ausgewertet und die daraus resultierenden Ergebnisse vorgestellt. Zunächst wird die allgemeine Selbsteinschätzung der Probanden bezüglich ihres Geschwindigkeitsverhaltens anhand der Vorbefragung erhoben. Anschließend wird das tatsächliche Geschwindigkeitsverhalten bei deaktiviertem und aktiviertem System ausgewertet. Dabei wird insbesondere die Änderung des Geschwindigkeitsniveaus bei unterschiedlichen Eingriffsintensitäten und verschiedenen zulässigen Höchstgeschwindigkeiten betrachtet. In einer Auswertung der Notbremssituation wird das Potential der Bremswegeinsparung durch die Geschwindigkeits- und Notbremsassistenz untersucht. Schließlich wird die Fahrerakzeptanz für das System betrachtet und in Zusammenhang mit dem objektiven Nutzen gebracht.

4.3.1 Vorbefragung zum Geschwindigkeitsverhalten

Unmittelbar vor der ersten Fahrsimulatorfahrt wurden die Probanden im Rahmen der Vorbefragung zu ihrem Geschwindigkeitsverhalten befragt. Ziel dieser Befragung war es, die konkrete Selbsteinschätzung der Probanden bezüglich der Überschreitung der zulässigen Höchstgeschwindigkeit zu erheben. In der Befragung konnten Angaben zur Häufigkeit der Geschwindigkeitsüberschreitung in verschiedenen Fahrsituationen mit unterschiedlicher zulässiger Höchstgeschwindigkeit in unterschiedlichen Geschwindigkeitszonen gemacht werden. Die Ergebnisse sind in Abbildung 4.3 dargestellt. Die Antwort „selten" wird mit zunehmender zulässiger Höchstgeschwindigkeit weniger häufig gegeben. Dafür werden mit zunehmender zulässiger Höchstgeschwindigkeit vermehrt die Antworten „eher selten" und „eher häufig" gegeben. Daraus folgt, dass die Probanden tendenziell mit zunehmender zulässiger Höchstgeschwindigkeit zu Geschwindigkeitsüberschreitungen neigen. Nur ein kleiner Prozentsatz gab an, die zulässige Höchstgeschwindigkeit „häufig" zu überschreiten. Dabei gab es keine klare Tendenz in Abhängigkeit zur zulässigen Höchstgeschwindigkeit.

Wie in Abbildung 4.4 dargestellt, wurde als Begründung für die Überschreitung der zulässigen Höchstgeschwindigkeit am häufigsten „Unaufmerksamkeit" genannt. Diese Begründung für die Geschwindigkeitsüberschreitung lässt auf ei-

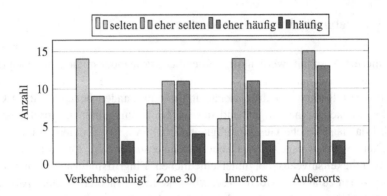

Abbildung 4.3: Befragung der Probanden nach der Häufigkeit der Geschwindigkeitsüberschreitungen

ne versehentliche und ungewollte Geschwindigkeitsüberschreitung schließen.
Daher kann besonders in dieser Zielgruppe ein hohes Akzeptanzmaß für die
SOL erwartet werden, welche den Fahrer bei der Einhaltung der zulässigen
Höchstgeschwindigkeit unterstützt. Als weitere Begründungen wurden „Zeitersparnis" oder eine „zu niedrige gesetzliche Beschränkung" als häufige Gründe genannt. Diese Antworten lassen eher auf eine vorsätzliche Geschwindigkeitsüberschreitung schließen und lassen eine weniger hohe Systemakzeptanz
dieser Probandengruppe vermuten. Die Ergebnisse der Vorbefragung der Pro-

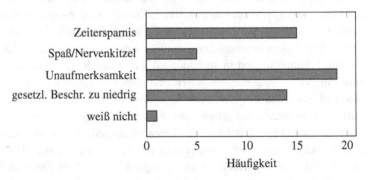

Abbildung 4.4: Gründe für die Geschwindigkeitsüberschreitung

banden bezüglich der Einstellung gegenüber Fahrerassistenzsystemen und der
Automobilität sind im Anhang A.2 aufgeführt. Aus dieser Befragung geht zusammenfassend hervor, dass die Probanden gegenüber Fahrerassistenzsyste-

men aufgeschlossen sind und diese überwiegend als sinnvoll eingeschätzt werden. Lediglich ein geringer Teil (etwa 15 %) der Probanden hat Erfahrung mit Fahrerassistenzsystemen und besitzt eines oder mehrere Systeme im eigenen Fahrzeug.

4.3.2 Geschwindigkeitsassistenz

Zentraler Bestandteil der SOL ist die Geschwindigkeitsassistenz. Diese hat zum Ziel, den Fahrer bei der Wahl einer sicherheitsoptimalen Fahrgeschwindigkeit zu unterstützen. In erster Linie bedeutet dies, dass das Fahrgeschwindigkeitsniveau über weite Strecken reduziert werden soll. Dabei sollen vor allem Ausreißer nach oben hin (Fahrer mit hoher mittlerer Geschwindigkeit) reduziert werden. In der folgenden Auswertung wird zunächst das Geschwindigkeitsniveau auf ausgewählten Streckenabschnitten bei deaktiviertem System sowie bei aktiviertem System mit den drei in Abschnitt 4.2.4 definierten Eingriffsintensitäten untersucht. Hierzu wird an jeder Streckenposition des betrachteten Streckenabschnittes das arithmetische Mittel über die Geschwindigkeiten aller Probanden gebildet.

In Abbildung 4.5 sind die Durchschnittsgeschwindigkeiten für den Streckenabschnitt mit einer zulässigen Höchstgeschwindigkeit von 30 km/h dargestellt. Die graue Linie zeigt die durchschnittlich gefahrene Geschwindigkeit bei deaktiviertem Assistenzsystem. Weiterhin sind in verschiedenen Stricharten die Durchschnittsgeschwindigkeiten für die getesteten Eingriffsintensitäten dargestellt. Auf dem betrachteten Streckenabschnitt befinden sich zwei Fahrbahnkurven in den Bereichen von 100 m und 475 m. In diesen Bereichen ist eine klare Absenkung des Geschwindigkeitsniveaus bei allen Eingriffsintensitäten zu erkennen. In Bereichen ohne Kurvenfahrt ist bei einer Eingriffsintensität von $Q_{\xi_{v_x}} = 1$ keine Reduzierung der Durchschnittsgeschwindigkeiten zu erkennen. Erst bei einer mittleren Eingriffsintensität von $Q_{\xi_{v_x}} = 5$ ist eine signifikante Reduzierung der Durchschnittsgeschwindigkeit erkennbar. Mit zunehmender Eingriffsintensität $Q_{\xi_{v_x}} = 10$ nimmt die Durchschnittsgeschwindigkeit weiter ab. In der betrachteten Tempo 30 Zone ist also ab einer mittleren Eingriffsintensität ein effektiver Nutzen erkennbar.

Für die Untersuchung des Geschwindigkeitsverhaltens in Bereichen mit einer zulässigen Höchstgeschwindigkeit von 50 km/h wurden zwei Streckenabschnitte ausgewertet. Die Ergebnisse sind in Abbildung 4.6 dargestellt. Ge-

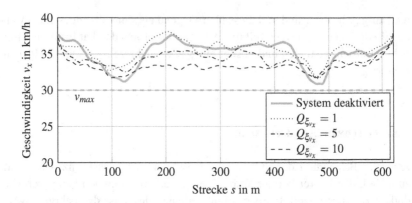

Abbildung 4.5: Verlauf der Durchschnittsgeschwindigkeiten für alle Probanden bei unterschiedlichen Parametrierungen im Abschnitt 1
($v_{max} = 30$ km/h)

nerell ist zu erkennen, dass in den dargestellten Streckenabschnitten 2 und 3
eine geringere Tendenz zu Geschwindigkeitsüberschreitungen besteht. Die Be-
obachtung, dass bei einer zulässigen Höchstgeschwindigkeit von 50 km/h die
Geschwindigkeitsüberschreitungen weniger stark auftreten, deckt sich mit den
Ergebnissen des Forschungsprojekts ZuSE und den Untersuchungen von El-
linghaus [116, 117]. Da die Geschwindigkeitsassistenz weiterhin erst kurz vor
Erreichen der zulässigen Höchstgeschwindigkeit in die Fahrzeuglängsdynamik eingreift, ist der Effekt der Geschwindigkeitsreduzierung zwischen den
Eingriffsintensitäten kaum erkennbar. Interessanterweise liegt tendenziell das
Geschwindigkeitsniveau bei aktiviertem System etwas über dem bei deaktiviertem System. Dies kann zum einen durch eine noch eher zurückhaltende
Fahrweise der Probanden während der Eingewöhnungsfahrt begründet werden. Zum anderen könnte sich der Fahrer in Fällen, in denen die vom Fahrer gewünschte Geschwindigkeit relativ nahe an der Geschwindigkeitsgrenze
liegt, durch das Feedback am Fahrpedal leiten lassen, welches bei konstanter
Geschwindigkeit erst ab Überschreitung der zulässigen Höchstgeschwindigkeit auftritt. Abhilfe könnte eine Korrektur der Beschränkung nach unten hin
schaffen. Ein sinnvoller Korrekturfaktor sollte jedoch in erneuten Probandenstudien ermittelt und abgesichert werden. Auffällig ist im Streckenabschnitt
3 das schnellere Erreichen der Zielgeschwindigkeit durch frühzeitige Verzögerung bei aktiviertem System. Auch die Beschleunigung an der Ortsausfahrt

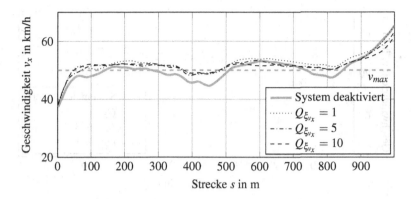

(a) Abschnitt 2

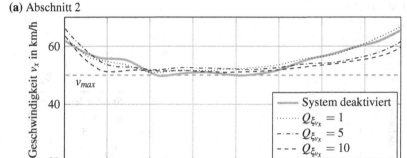

(b) Abschnitt 3

Abbildung 4.6: Verlauf der Durchschnittsgeschwindigkeiten für alle Probanden bei unterschiedlichen Parametrierungen ($v_{max} =$ 50 km/h)

(Ende des Streckenabschnittes) fällt weniger stark aus, wodurch ein niedriges Geschwindigkeitsniveau länger gehalten wird.

Um den Einfluss der SOL auf das Geschwindigkeitsverhalten der Probanden in außer-urbanen Bereichen zu untersuchen, werden exemplarisch zwei Streckenabschnitte mit einer zulässigen Höchstgeschwindigkeit von 70 km/h betrachtet. Die zugehörigen Geschwindigkeitsverläufe sind in Abbildung 4.7 dargestellt. Bei deaktiviertem System sind deutliche Geschwindigkeitsüberschreitungen zu erkennen. Bei aktiviertem System und einer leichten Eingriffsintensität ist

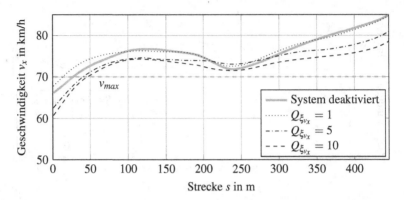

(a) Abschnitt 4

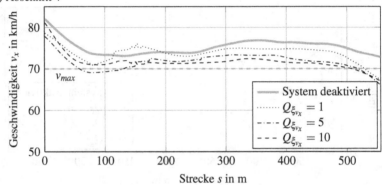

(b) Abschnitt 5

Abbildung 4.7: Verlauf der Durchschnittsgeschwindigkeiten für alle Probanden bei unterschiedlichen Parametrierungen ($v_{max} =$ 70 km/h)

keine eindeutige Reduzierung des Geschwindigkeitsniveaus zu erkennen. Bei mittleren und starken Eingriffsintensitäten wird die Durchschnittsgeschwindigkeit deutlich reduziert. In Bereichen, in denen eine Änderung der zulässigen Höchstgeschwindigkeit stattfindet (Anfang und Ende das dargestellten Bereichs), wird eine frühzeitige Absenkung der Fahrgeschwindigkeit bzw. eine niedrigere Beschleunigung erreicht.

In Abbildung 4.8 sind die Durchschnittsgeschwindigkeiten und die zugehörigen Standardabweichungen für die verschiedenen Geschwindigkeitsbereiche

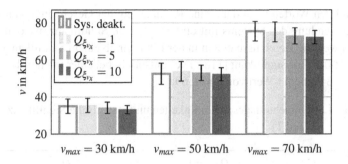

Abbildung 4.8: Durchschnittsgeschwindigkeiten und Standardabweichungen in den betrachteten Geschwindigkeitsbereichen

bei verschiedenen Eingriffsintensitäten als Balkendiagramm dargestellt. In allen Geschwindigkeitsbereichen ist bei aktiviertem System eine Absenkung der Durchschnittsgeschwindigkeiten mit steigender Eingriffsintensität zu erkennen. Im Vergleich zur Durchschnittsgeschwindigkeit bei deaktiviertem System ist zumeist ab mittleren Eingriffsintensitäten eine Reduzierung des Geschwindigkeitsniveaus sichtbar. Weiterhin ist deutlich zu erkennen, dass die Standardabweichung mit zunehmender Eingriffsintensität abnimmt. Diese Reduzierung der Streuung lässt darauf schließen, dass mit steigender Eingriffsintensität Ausreißer nach oben hin unterdrückt werden und die Fahrer bei Nutzung der SOL zu einem gleichmäßigeren Fahrstil bewegt werden. Eine genauere Betrachtung dieser Eigenschaft wird später in diesem Kapitel vorgenommen.

Um das Geschwindigkeitsverhalten der Probanden mit statistischen Mitteln auszuwerten, sind in Tabelle 4.3 die Durchschnittsgeschwindigkeiten für verschiedene Eingriffsintensitäten sowie die effektive Veränderung der Durchschnittsgeschwindigkeit $\bar{d}_v$ und deren Standardabweichung gegenüber der Fahrt bei deaktiviertem System dargestellt. Um einen objektiven Nutzen nachweisen zu können, muss die statistische Signifikanz der Absenkung der Durchschnittsgeschwindigkeit nachgewiesen werden. Hierzu wird der linksseitige t-Test für abhängige Stichproben eingesetzt [118]. Als Nullhypothese wird dabei

$$H_0 : \bar{v}_{\{1,5,10\}} - \bar{v}_0 \geq 0 \qquad \text{Gl. 4.1}$$

eingesetzt. Wird durch den t-Test die Nullhypothese H_0 abgelehnt, so zeigt dies die Gültigkeit der Alternativhypothese

$$H_1 : \bar{v}_{\{1,5,10\}} - \bar{v}_0 < 0. \qquad \text{Gl. 4.2}$$

Mit anderen Worten kann dann eine Reduzierung der Geschwindigkeit durch die Verwendung des Systems mit einem gewissen Signifikanzniveau nachgewiesen werden. Ergebnisse gelten in der Literatur ab einem Signifikanzniveau von $\alpha < 0,05$ als signifikant [118]. Dies entspricht bei einer Stichprobengröße von $n = 34$ einem t-Wert von $t_t = 1,69$.

Tabelle 4.3: Durschnittsgeschwindigkeiten und statistische Signifikanz (Teil 1)

v_{max}	$\bar{v}_0$	$Q_{\xi_{v_x}} = 1$				$Q_{\xi_{v_x}} = 5$			
		$\bar{v}_1$	$\bar{d}_1$	$\sigma(d)_1$	$t_{t,1}$	$\bar{v}_5$	$\bar{d}_5$	$\sigma(d)_5$	$t_{t,5}$
30 km/h	35,14	35,51	0,37	4,05	0,52	34,13	$-1,01$	3,41	$-1,73$
50 km/h	52,66	53,83	1,17	4,00	1,70	53,08	0,42	3,65	0,66
70 km/h	75,73	75,04	$-0,69$	4,33	$-0,92$	73,01	$-2,72$	3,48	$-4,55$

Tabelle 4.4: Durschnittsgeschwindigkeiten und statistische Signifikanz (Teil 2)

v_{max}	$\bar{v}_0$	$Q_{\xi_{v_x}} = 10$			
		$\bar{v}_{10}$	$\bar{d}_{10}$	$\sigma(d)_{10}$	$t_{t,10}$
30 km/h	35,14	33,15	-2,00	4,34	-1,36
50 km/h	52,66	52,31	-0,35	2,83	-0,72
70 km/h	75,73	72,27	-3,46	3,97	-5,07

Die in der Tabelle dargestellten Ergebnisse zeigen, dass bei einer zulässigen Höchstgeschwindigkeit von 30 km/h bei einer mittleren Eingriffsintensität, und bei einer zulässigen Höchstgeschwindigkeit von 70 km/h bei einer mittleren und hohen Eingriffsintensität die Durchschnittsgeschwindigkeit signifikant gesenkt werden konnte ($t_t < -1,69$). Bei einer zulässigen Höchstgeschwindigkeit von 30 km/h konnte bei einer hohen Eingriffsintensität eine Reduzierung der Durchschnittsgeschwindigkeit mit einem Signifikanzniveau von $\alpha = 0,1$ ($t_t < -1,31$) nachgewiesen werden. Bei einer zulässigen Höchstgeschwindigkeit von 50 km/h konnte keine signifikante Senkung der Durchschnittsgeschwindigkeit nachgewiesen werden.

Zusammenfassend konnte bei der Untersuchung der Durchschnittsgeschwindigkeiten bei mittleren und starken Eingriffsintensitäten vor allem in Bereichen mit einer zulässigen Höchstgeschwindigkeit von 30 km/h eine signifikante Reduzierung der Durchschnittsgeschwindigkeit erreicht werden. Besonders in diesen Bereichen sind Fußgänger potentiell gefährdet. Mit steigender Eingriffsintensität sinkt die gefahrene Durchschnittsgeschwindigkeit in allen Geschwindigkeitsbereichen. Durch eine situationsgerechte Anpassung der Eingriffsintensität ist davon auszugehen, dass in potentiell gefährlichen Situationen die Fahrgeschwindigkeit deutlich gesenkt werden kann. Damit ist die erste der in Kapitel 4.1 genannten Hypothesen bestätigt.

Mithilfe der Betrachtung der Durchschnittsgeschwindigkeiten konnten zwar Aussagen über das Geschwindigkeitsverhalten des Kollektivs getroffen werden, jedoch wurde die Verteilung der Durchschnittsgeschwindigkeiten nur ungerichtet über die Standardabweichung berücksichtigt. Um diese über das Kollektiv in den betrachteten Geschwindigkeitsbereichen darzustellen, werden im Folgenden die Verteilungsfunktionen der Durchschnittsgeschwindigkeiten betrachtet. Die Verteilungsfunktion gibt an, welcher Prozentanteil der Probanden mit der jeweils gefahrenen Durchschnittsgeschwindigkeit unterhalb der auf der x-Achse angegebenen Durchschnittsgeschwindigkeit liegt. In Abbildung 4.9 ist die Verteilungsfunktion für die untersuchten Eingriffsintensitäten in einem Geschwindigkeitsbereich von 30 km/h dargestellt. Die Verteilungsfunk-

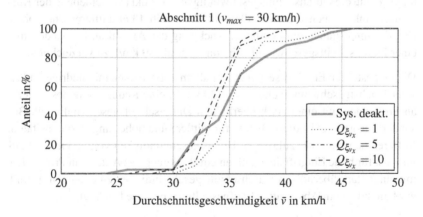

Abbildung 4.9: Verteilungsfunktion der Durchschnittsgeschwindigkeiten aller Probanden im Abschnitt 1 ($v_{max} = 30$ km/h)

tion zeigt, dass bei deaktiviertem System 50 % der Probanden im Durchschnitt schneller als 35 km/h fahren. Nach oben hin flacht die Kurve stark ab. Dies be-

deutet, dass bei deaktiviertem System einige Probanden die zulässige Höchstgeschwindigkeit deutlich, um bis zu 15 km/h (Durchschnitt), überschreiten.
Bei einer leichten Eingriffsintensität sinkt der Anteil an Probanden mit Durchschnittsgeschwindigkeiten über 35 km/h etwas ab, allerdings liegen hier etwas
mehr Geschwindigkeitsüberschreitungen im Bereich zwischen 30 und 35 km/h
vor. Ab einer mittleren Eingriffsintensität sind deutlich weniger Probanden mit
Durchschnittsgeschwindigkeiten über 35 km/h zu erkennen, was an einer stei-
leren Kurve und einer Verschiebung der Kurve nach links deutlich wird.

Für die betrachteten Streckenabschnitte mit einer zulässigen Höchstgeschwindigkeit von 50 und 70 km/h sind die Verteilungsfunktionen in Abbildung 4.10
dargestellt. Erwartungsgemäß kann bei einer zulässigen Höchstgeschwindigkeit von 50 km/h nur eine kleine Senkung der Anzahl an Probanden mit hohen
Durchschnittsgeschwindigkeiten erreicht werden: Auf Abschnitt 2 ist der Anteil an Probanden mit hohen Durchschnittsgeschwindigkeiten ohnehin gering.
Dies ist an einer sehr steilen Kurve zu erkennen. In Abschnitt 3 wird durch
das aktivierte System bei allen Eingriffsintensitäten der Anteil an Probanden
mit Durchschnittsgeschwindigkeiten über 60 km/h reduziert. Weiterhin ist bei
einer starken Eingriffsintensität eine Verschiebung der Kurve nach links zu
erkennen. Bei zulässigen Höchstgeschwindigkeiten von 70 km/h wird erwartungsgemäß die Durchschnittsgeschwindigkeit gesenkt (Verschiebung der Kurve nach links). Ebenso ist, vor allem auf Abschnitt 4 bei mittleren und hohen
Eingriffsintensitäten, ein deutlicher Rückgang der Anzahl an Probanden mit
einer Durchschnittsgeschwindigkeit von mehr als 80 km/h zu verzeichnen.

Die dargestellten Ergebnisse zeigen vor allem in Bereichen mit niedriger zulässiger Höchstgeschwindigkeit ($v_{max} = 30$ km/h) eine Reduzierung des Anteils
an Probanden mit einer stark überhöhten Durchschnittsgeschwindigkeit. Besonders ausgeprägt ist dieser Effekt für mittlere und hohe Eingriffsintensitäten.
In Bereichen mit einer zulässigen Höchstgeschwindigkeit von 50 km/h ist zumindest für hohe Eingriffsintensitäten ein Rückgang des Anteils an Probanden
mit einer stark überhöhten Durchschnittsgeschwindigkeit zu erkennen. Damit
wird die zweite in Abschnitt 4.1 aufgestellte Hypothese bestätigt.

4.3.3 Notbremsassistenz

Wie im vorangegangenen Abschnitt gezeigt, konnte durch die Nutzung der
SOL bei mittleren und hohen Eingriffsintensitäten vor allem in urbanen Ge-

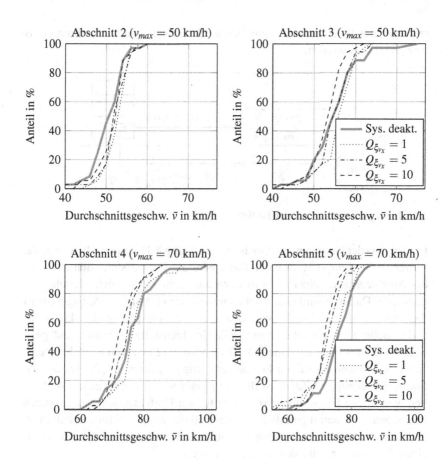

Abbildung 4.10: Verteilungsfunktion der Durchschnittsgeschwindigkeiten aller Probanden in den Abschnitten 2-5 ($v_{max} = 50$ km/h und $v_{max} = 70$ km/h)

bieten mit niedriger zulässiger Höchstgeschwindigkeit die Durchschnittsgeschwindigkeit der Probanden gesenkt werden. Durch die Senkung des Geschwindigkeitsniveaus kann im Falle einer Gefahrensituation der Anhalteweg verkürzt werden. Um den Nutzen des Notbremsassistenten als integralen Bestandteil der SOL zu untersuchen, wurde am Ende der zweiten Fahrsimulatorfahrt eine Gefahrensituation getriggert. Mit der Auswertung dieses Versuchsteiles soll das Potential einer kombinierten Geschwindigkeits-/Notbremsassistenz aufgezeigt werden.

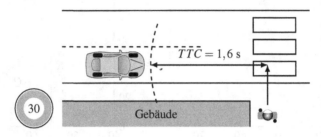

Abbildung 4.11: Schema der Notbremssituation

Ein Schema der Gefahrensituation ist in Abbildung 4.11 dargestellt. Sobald der Fahrer in die Tempo 30 Zone einfährt, wird die Eingriffsintensität aufgrund der Annäherung an einen Zebrastreifen auf „sehr stark" (siehe Tabelle 4.2) gesteigert. Dadurch wird eine Überschreitung der zulässigen Höchstgeschwindigkeit verhindert. Zeitgleich wird dem Fahrer ein entsprechender akustischer und visueller Hinweis auf die potentielle Gefahrenstelle „Zebrastreifen" gegeben. Sobald das Fahrzeug eine Time To Collision (TTC) zum Kollisionspunkt von $1,6$ s aufweist, wird ein Fußgänger getriggert, der mit $1,28$ m/s den Zebrastreifen überquert. Zuvor ist der Fußgänger von einem Gebäude verdeckt und weder vom Fahrer noch von der virtuellen Umfeldsensorik zu erkennen. Das Szenario ist derart gestaltet, dass der Fußgänger sowohl für den Fahrer als auch für das System zum gleichen Zeitpunkt sichtbar wird. Dies ermöglicht einen direkten Vergleich der Reaktionszeiten.

Insgesamt wurden 23 der 34 Probanden mit dem Notbremsmanöver konfrontiert. Bei sieben der elf übrigen Probanden wurde aus verschiedenen Gründen nach der vierten Runde der Versuch vom Versuchsleiter beendet[12]. Bei den übrigen vier Probanden wurde der Fußgänger aus technischen Gründen nicht korrekt getriggert.

In den 23 ausgewerteten Manövern kamen 18 Probanden rechtzeitig vor einer Kollision mit dem Fußgänger zum Stillstand. Die für diese Manöver charakteristischen Kenngrößen für die Bewertung des jeweiligen Bremsmanövers sind

---

[12]   Im Falle von unkonzentrierten oder überanstrengten Probanden verzichtete der Versuchsleiter auf die Durchführung des letzten Versuchsteils. Auch Probanden für die eine akute Gefahrensituation schlichtweg als unzumutbar erschien, befuhren den letzten Versuchsteil nicht.

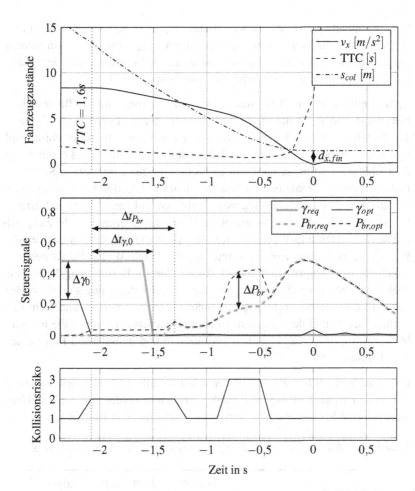

Abbildung 4.12: Signalverläufe und Kenngrößen im Notbremsmanöver

in Abbildung 4.12 anhand einer exemplarischen Notbremsung dargestellt. Im oberen Schaubild werden fahrzeug- und umgebungsbezogene Zustände dargestellt: Neben der Fahrzeuggeschwindigkeit v_x ist sowohl der Abstand zum Fußgänger in x-Richtung relativ zum Fahrzeug s_{col} als auch die aus beiden Werten resultierende TTC aufgetragen. Weiterhin kann der nach der Notbremsung bei Fahrzeugstillstand verbleibende Abstand zum Fußgänger $s_{col,fin}$ abgelesen werden. Im mittleren Schaubild sind alle Steuersignale des Fahrers und des Assistenzsystems dargestellt. Dies sind die vom Fahrer gestellte und die von der

SOL berechnete optimale Fahrpedalstellung γ_{req} bzw. γ_{opt} sowie der vom Fahrer bzw. durch die SOL geforderte Bremsdruck $P_{br,req}$ bzw. $P_{br,opt}$. Im unteren Schaubild wird die Kollisionsrisikoklasse des Kollisionsdetektors dargestellt. Für eine Beschreibung der Kollisionsrisikoklassen siehe Tabelle 3.1.

Systemseitig wird eine TTC von $1,6$ s zu einem Hindernis als Beginn eines Notbremsmanövers definiert. Zu diesem Zeitpunkt wird der Fußgänger durch das System mit einem Kollisionsrisiko von 2 detektiert. In dieser Phase wird eine Warnkaskade initiiert und der Fahrer optisch, akustisch und haptisch auf die Gefahrensituation aufmerksam gemacht. Aus den dargestellten Signalverläufen lassen sich Reaktionszeiten sowie Steuersignaldifferenzen zwischen gefordertem und optimiertem Steuersignal ablesen und daraus Zeit- und Effektivitätsvorteile ableiten. So beschreibt die Gasrücknahmezeit $\Delta t_{\gamma,0}$ die Zeit, welche bis zur ersten messbaren Reaktion, der Gasrückname des Fahrers vergeht. Weiterhin gibt die Bremsreaktionszeit $\Delta t_{P_{br}}$ die Zeit an, die der Fahrer benötigt, um einen Bremseingriff zu initiieren. Als Größen zur Bestimmung der Effektivität des Systemeingriffs vor der Bremsung und der Bremsung an sich werden die zu Beginn der Notbremsung vorhandene Differenz zwischen der vom Fahrer geforderten und der optimierten Fahrpedalstellung $\Delta\gamma_0$ sowie die maximale Bremsdruckdifferenz zwischen optimiertem und gefordertem Bremsdruck ΔP_{br} herangezogen.

Die charakteristischen Kenngrößen wurden für alle 18 Probanden ausgewertet, bei denen eine Kollision vollständig vermieden werden konnte. Eine Übersicht über die Mittelwerte und Standardabweichung zeigt Tabelle 4.5. Bis zur

Tabelle 4.5: Auswertung von Kenngrößen während des Bremsmanövers

Kenngröße	Formel-zeichen	Mittelwert $\bar{X}$	Stdabw. σ_X
Gasrücknahmezeit	$\Delta t_{\gamma,0}$	$0,34$ s	$0,203$ s
Bremsreaktionszeit	$\Delta t_{P_{br}}$	$0,61$ s	$0,304$ s
max. Bremsdruckdifferenz	ΔP_{br}	$0,287$	$0,138$
Finaler Abstand	$s_{col,fin}$	$1,72$ m	$0,847$ m

ersten Reaktion (Gasrücknahme) des Fahrers vergehen im Mittel $0,34$ s. Die mittlere Zeit bis zur Initiierung der Bremsung durch den Fahrer dauert insgesamt $0,61$ s. Die Bremsreaktionszeit deckt sich gut mit Werten in der Literatur [119]. Während dieser Zeit wird durch die SOL bereits eine Vorbremsung, bei Bedarf auch eine Notbremsung, durchgeführt. Dadurch entstehen deutliche Zeitvorteile und damit einhergehend auch eine entsprechende Verkürzung des Bremsweges. Greift der Fahrer nicht rechtzeitig mit ausreichendem Bremsdruck ein, wird bei Eintreten der Kollisionsrisikoklasse 3 von der SOL ein optimaler Bremsdruck aufgebracht und der Fahrer damit überstimmt. Die maximale Bremsdruckdifferenz lag im Mittel bei $0,287$. Dies bedeutet, dass das System das vom Fahrer geforderte Bremsmoment im Mittel um über 25 % des maximalen Bremsdrucks überstimmt hat. Es ist davon auszugehen, dass bei einigen Notbremsmanövern ohne die Unterstützung durch das System ein rechtzeitiges Anhalten nicht möglich gewesen wäre. Der mittlere finale Abstand zum Fußgänger bei Fahrzeugstillstand beträgt $1,72$ m. Dies zeigt, dass durch die Verwendung der SOL neben der Zeitersparnis durch kürzere Reaktionszeiten und der potentiell geringeren Geschwindigkeit bei Eintritt in die Gefahrensituation häufig auch Bremsdruckdefizite seitens des Fahrers kompensiert werden können.

Von den 5 Probanden, die nicht bis zum Stillstand abbremsten, wichen 2 dem Fußgänger aus, so dass das Notbremsmanöver abgebrochen wurde und keine Kollision stattfand. Bei 3 Fußgängern kam es zu einer Kollision[13]. In einer nachgehenden Analyse der zugehörigen Zeitreihen wurde eine Fehlfunktion des prototypischen Kollisionsprädiktors als Fehlerursache identifiziert: Ein durch Fahrereingaben verursachter hoher Gierwinkel, relativ zur Fahrbahn bei Eintritt der Gefahrensituation, bewirkte eine zu späte Anhebung der Kollisionsrisikoklasse. Eine rechtzeitige Bremsung bis zum Stillstand war aus diesem Grund nicht mehr möglich. Trotzdem wurde in allen drei Kollisionsfällen die Fahrzeuggeschwindigkeit zum Zeitpunkt der Kollision drastisch auf einen mittleren Wert von $7,3$ km/h reduziert. Dabei lag die maximale Kollisionsgeschwindigkeit bei $10,4$ km/h.

Um die Einsparungen beim Anhalteweg für die verschiedenen Eingriffsintensitäten sowie mit und ohne automatisierter Notbremsung abzuschätzen und zu quantifizieren, werden im Folgenden Anhaltewege bei verschiedenen Ausgangsgeschwindigkeiten und Reaktionszeiten miteinander verglichen. Die betrachteten Ausgangsgeschwindigkeiten entsprechen dabei jeweils den mittleren Geschwindigkeiten aller Probanden bei verschiedenen Eingriffsintensitäten an jener Stelle des Rundkurses, an der zuletzt das Notbremsmanöver statt-

---

[13]   Im Falle einer Kollision wird der Fußgänger kurz vor dem Zusammenstoß ausgeblendet, um die psychische Belastung des Probanden zu minimieren.

findet. Für die Initiierung der Bremsung werden Vorbremszeiten für die automatisierte Bremsung von 0,3 s (0,1 s Trajektorienoptimierung, 0,2 s Aufbau Bremsdruck) angenommen. Für die Vorbremszeiten bei manueller Bremsung werden 0,8 s veranschlagt (0,6 s Reaktionszeiten, 0,2 s Aufbau Bremsdruck). Für die Notbremsung wird eine Verzögerung von 8 m/s² angenommen. Die resultierenden Trajektorien für den Notbremsvorgang sind in Abbildung 4.13 dargestellt. Bei manueller Bremsung und deaktiviertem System beträgt der An-

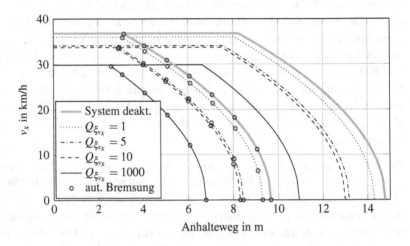

Abbildung 4.13: Abschätzung der Verkürzung des Bremsweges durch die Sicherheitsoptimierte Längsführung

halteweg 14,8 m. Mit mittlerer und hoher Eingriffsintensität kann der Bremsweg bei manueller Bremsung auf 13,1 m bzw. 12,9 m reduziert werden. Durch die quasi-harte Beschränkung der zulässigen Höchstgeschwindigkeit (sehr starke Eingriffsintensität), kann eine deutliche Reduzierung des Anhaltewegs auf 10,9 m erzielt werden.

Zusätzlich können deutliche Einsparungen im Anhalteweg durch die in der SOL enthaltene Notbremsassistenz erzielt werden. Durch die Verkürzung der Vorbremszeit ergibt sich für den fiktiven Fall der deaktivierten Geschwindigkeitsassistenz ein Anhalteweg von 9,7 m. Bei aktiviertem System und mittleren und hohen Eingriffsintensitäten ergeben sich Anhaltewege von 8,4 m bzw. 8,3 m. Bei frühzeitiger Erkennung einer Gefahrensituation und einer rechtzeitigen Drosselung auf 30 km/h kann der Bremsweg auf 6,8 m reduziert werden. Es besteht also ein Einsparpotential beim Anhalteweg von bis zu 54 %

beim Vergleich der Geschwindigkeiten bei aktivierter SOL mit jenen bei de-
aktiviertem System. Dies bestätigt die dritte der in Abschnitt 4.1 aufgestellte
Hypothesen. Voraussetzung hierfür ist eine situationsgerechte Anpassung der
Eingriffsintensität.

4.3.4 Fahrerakzeptanz

Wie bereits erläutert ist neben der Erhebung des objektiven Nutzens die Fahrerakzeptanz für das System für die Gesamtpotentialanalyse der SOL von großer Bedeutung. Im vorliegenden Abschnitt soll daher die Erwartung der Probanden an das System vor der Fahrt sowie die Fahrerakzeptanz bei den drei getesteten Eingriffsintensitäten untersucht werden. Anschließend wird versucht,
den objektiven Nutzen in Zusammenhang mit der Fahrerakzeptanz zu bringen
und daraus eine Empfehlung für den Parameter der Eingriffsintensität abzuleiten. Schließlich soll untersucht werden, inwieweit die Fahrerakzeptanz vom
Fahrertyp abhängt.

Die Fahrerakzeptanz wurde im Rahmen der schriftlichen Befragungen nach
Van der Laan (siehe Kapitel 4.2.3) erhoben [111]. Jede Befragung ergibt einen
Wert für die „Zufriedenheit" und einen Wert für den „subjektiven Nutzen". Die
Skala reicht von -2 (schlecht) bis 2 (gut).

Um die Erwartungshaltung der Probanden an das System zu erheben wurden
den Probanden vor der ersten Simulatorfahrt die Funktionsweise eines klassischen abregelnden Geschwindigkeitsassistenten (siehe Kapitel 1.2) sowie der
SOL erklärt. Anschließend fand eine Befragung zur Einschätzung der Systeme per Akzeptanzfragebogen statt. Um die tatsächliche Akzeptanz für unterschiedliche Eingriffsintensitäten zu ermitteln, wurden die Probanden nach
Abschluss jeder Runde und Parametrierung per Akzeptanzfragebogen befragt.
Die Ergebnisse sind in Abbildung 4.14 dargestellt. Im Vergleich zum ISA erwarten die Probanden im Vorfeld von der SOL eine deutlich höhere Zufriedenheit. Auch der subjektive Nutzen wird höher eingeschätzt. Gründe hierfür können beispielsweise die Möglichkeit zur Überschreitung der zulässigen
Höchstgeschwindigkeit sowie die in die SOL integrierte Notbremsfunktionalität sein. Die Bewertung des Systems unmittelbar nach den jeweiligen Fahrten
zeigt bei der Eingriffsintensität „leicht" relativ geringe Werte für Zufriedenheit
und subjektiven Nutzen. Fünf der Probanden gaben sogar an, keinen Eingriff in
die Fahrzeuglängsdynamik wahrnehmen zu können. Bei der Eingriffsintensität

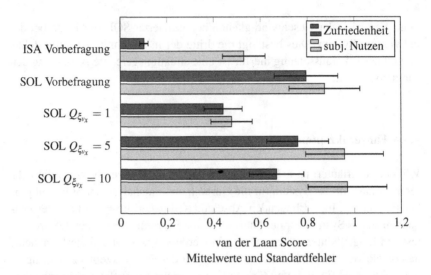

van der Laan Score
Mittelwerte und Standardfehler

Abbildung 4.14: Akzeptanzbewertung nach van der Laan in der Vorbefragung und für unterschiedliche Eingriffsintensitäten

„mittel" steigen sowohl die Akzeptanz als auch der subjektive Nutzen deutlich an. Bei einer Steigerung der Eingriffsintensität auf „stark" steigt der subjektive Nutzen leicht an, die Zufriedenheit sinkt jedoch wieder ab. Folglich tritt bei der Eingriffsintensität „mittel" ein Maximum in der Zufriedenheit auf. Interessant ist die Tatsache, dass nach der Fahrt mit der mittleren Eingriffsintensität ein höherer Nutzen attestiert wird, als zuvor erwartet. Die Zufriedenheit hingegen liegt leicht hinter den Erwartungen zurück.

Bereits der Vergleich der Ergebnisse der Vorbefragung zur Akzeptanz von abregelndem ISA und der SOL lassen eine Bestätigung der in Abschnitt 4.1 aufgestellten vierten Hypothese vermuten: Sowohl Zufriedenheit als auch der subjektive Nutzen werden bei der SOL deutlich höher eingeschätzt. Untermauert wird dies durch das Absinken der Zufriedenheit bei Steigerung der Eingriffsintensität von „mittel" auf „stark". Interessant ist auch die Tatsache, dass eine zu schwache Eingriffsintensität sowohl im subjektiven Nutzen als auch in der Zufriedenheit schlecht bewertet werden.

Zusammenhang zwischen objektivem Nutzen und Fahrerakzeptanz

Mit dem Ziel die objektiv und subjektiv erhobenen Daten in einen Zusammenhang zu bringen, wurden die mittleren Geschwindigkeitsabweichungen der Probanden zwischen Referenzfahrt und verschiedenen Eingriffsintensitäten gegenüber den Akzeptanzwerten nach van der Laan betrachtet. Das Ziel ist es, aus diesen Daten eine Eingriffsintensität abzuleiten, die für den größten Teil des Kollektivs akzeptabel ist und dabei einen möglichst hohen objektiven Nutzen bringt. Die zugehörigen Schaubilder sind in Abbildung 4.15 dargestellt.

Im Vergleich zur Erhebung des objektiven Nutzens (Absenkung der Durchschnittsgeschwindigkeit) erfolgt die Erhebung der Fahrerakzeptanz (Van der Laan Score) auf rein subjektiver Ebene. Für den Vergleich verschiedener Eingriffsintensitäten bezüglich der Fahrerakzeptanz ist daher eher die Relation der Werte (Zufriedenheit oder subjektiver Nutzen) von Bedeutung als deren Absolutwerte. Für die detaillierte Untersuchung des Akzeptanz-/Nutzenverhältnisses der einzelnen Probanden bei einer bestimmten Eingriffsintensität wird die Streuung der Akzeptanzwerte um deren jeweiligen Mittelwerte betrachtet. Auf diese Weise wird eine Unterteilung in *unterdurchschnittlich zufriedene Probanden* und *überdurchschnittlich zufriedene Probanden* bzw. einen *unterdurchschnittlichen subjektiven Nutzen* und *überdurchschnittlichen subjektiven Nutzen* erreicht. In den dargestellten Schaubildern sind die Mittelwerte für Zufriedenheit und subjektiven Nutzen sowie für den objektiven Nutzen eingezeichnet.

Bei einer leichten Eingriffsintensität ist kein objektiver Nutzen erkennbar. Auch die Akzeptanzwerte liegen für Zufriedenheit und subjektiven Nutzen relativ niedrig. Dennoch ist auffällig, dass viele überdurchschnittlich zufriedene Fahrer und Fahrer, die das System mit einem hohen subjektiven Nutzen bewerten, einen schlechten objektiven Nutzen aufweisen (schraffierter Bereich). Dies spricht dafür, dass bei einer geringen Eingriffsintensität vom Fahrer kein eindeutiger Eingriff wahrzunehmen ist, oder dieser Eingriff nicht richtig interpretiert wird. Bei einer mittleren Eingriffsintensität steigen die Akzeptanzwerte für Zufriedenheit und subjektiven Nutzen sowie der objektive Nutzen deutlich an. Da nur wenige Fahrer bei einem geringen objektiven Nutzen einen überdurchschnittlich hohen subjektiven Nutzen angeben (schraffierter Bereich), stimmen nun objektiver und subjektiver Nutzen weitestgehend überein. Weiterhin weisen viele Fahrer eine überdurchschnittlich hohe Zufrie-

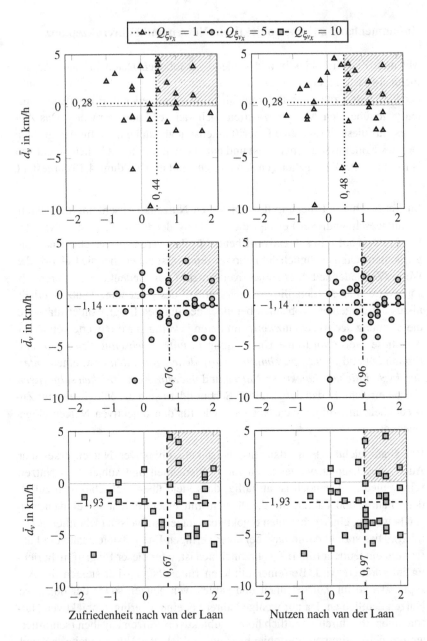

Abbildung 4.15: Zusammenhänge zwischen subjektiv erhobener Fahrerakzeptanz und objektivem Nutzen

denheit bei hohem objektiven Nutzen auf. Bei einer starken Eingriffsintensität steigt der objektive Nutzen weiter an. Der subjektive Nutzen ist im Vergleich zu mittleren Eingriffsintensitäten auf einem ähnlichen Niveau. Jedoch ist ein Rückgang der Zufriedenheit zu verzeichnen. Es ist deutlich erkennbar, dass die unterdurchschnittlich zufriedenen Probanden fast alle einen objektiven Nutzen aufweisen. Dies spricht dafür, dass eine Überstimmung des Systems trotz Unzufriedenheit nicht stattfand. Dies könnte ein Anhaltspunkt für eine zu hohe Eingriffsintensität sein.

Die vorangegangene Untersuchung zeigt, dass eine zu niedrige Eingriffsintensität weder einen objektiven Nutzen bringt, noch zu einer hohen Fahrerakzeptanz führt. Daher sind solch niedrigen Eingriffsintensitäten nicht zielführend und nicht zu empfehlen. Bei einer mittleren Eingriffsintensität ist ein klarer objektiver Nutzen erkennbar und eine relativ hohe Fahrerakzeptanz zu erwarten. Mit weiter steigender Eingriffsintensität steigt der Nutzen weiter an, jedoch sinkt die Fahrerakzeptanz wieder ab. Im Bereich der mittleren Eingriffsintensität besteht ein ausgewogenes Akzeptanz-Nutzen Verhältnis. In potentiell gefährlichen Verkehrssituationen ist eine temporäre Anhebung der Eingriffsintensität auf „hoch" sinnvoll, um den objektiven Nutzen und damit die Sicherheit weiter zu steigern.

Abhängigkeit zwischen Fahrerakzeptanz und Fahrertyp

Um zu untersuchen, inwieweit die Akzeptanz für die SOL vom Fahrertyp abhängig ist, wurde das Kollektiv anhand von Informationen aus der Vorbefragung in die Gruppen „Normalfahrer" und „sportlicher Fahrer" eingeteilt. Die Fahrertypklassifizierung wurde anhand der Befragung zur Begründung von Geschwindigkeitsüberschreitungen vorgenommen: Probanden, die bei der Befragung als Begründung für Geschwindigkeitsüberschreitungen „Unachtsamkeit" angaben, zählen zur Gruppe „Normalfahrer". Probanden die eines oder mehrere der Attribute „Spaß/Nervenkitzel", „Zeitersparnis" oder „Geschwindigkeit zu stark beschränkt" angaben, zählen zur Gruppe „sportliche Fahrer". Da die Größe der untersuchten Gruppen nicht den statistischen Anforderungen für belastbare Ergebnisse genügt, sind die im Folgenden vorgestellten Ergebnisse als Tendenzen zu verstehen. Die Akzeptanzwerte für beide Gruppen sind in Abbildung 4.16 dargestellt.

Bei den „Normalfahrern" steigt sowohl die Zufriedenheit als auch der Nutzen mit steigender Eingriffsintensität an. Jedoch ist der Anstieg nicht linear und

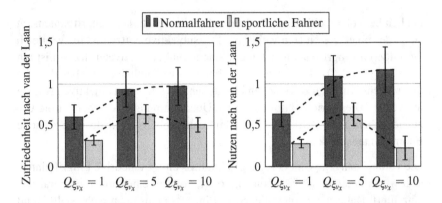

Abbildung 4.16: Akzeptanz nach van der Laan für die Gruppen „Normalfahrer" und „sportliche Fahrer"

zeigt von der mittleren zur starken Eingriffsintensität nur noch einen leichten
Anstieg. In der Gruppe „sportliche Fahrer" liegt das Akzeptanzniveau (Zufriedenheit und Nutzen) generell niedriger und fällt von der mittleren zur hohen
Eingriffsintensität wieder ab. Die gezeigten Tendenzen zeigen Ähnlichkeiten
zum im Abbildung 3.11 dargestellten Verhalten. Dies macht nochmals deutlich, dass eine passende Wahl der Eingriffsintensität sehr wichtig ist. Falls die
Eingriffsintensität zu stark gewählt wird, kann dies zum Akzeptanzverlust bei
bestimmten Fahrertypen führen, während der Akzeptanzgewinn in der anderen
Gruppe eher gering ausfällt. Um eine möglichst hohe Akzeptanz in einem brei-
ten Spektrum an Fahrertypen zu erreichen, ist auch eine Parametrierung durch
den Fahrer oder eine Parameteradaption zur Laufzeit denkbar [120].

5 Zusammenfassung und Ausblick

Nach einem stetigen Rückgang stieg im Jahr 2010 erstmals seit der Erfassung der Unfallzahlen die Anzahl der Unfälle mit Fußgängerbeteiligung wieder an. Seitdem war kein signifikanter Rückgang der Unfallzahlen zu verzeichnen. Eine mögliche Maßnahme zur Senkung der Unfallzahlen ist der verbreitete Einsatz von Fahrerassistenzsystemen, die der Vermeidung von Fußgängerunfällen dienen.

Die vorliegende Arbeit befasst sich mit der Auslegung, Implementierung und Validierung eines Assistenzsystems für E-Fahrzeuge zur Steigerung der Sicherheit von Fußgängern im urbanen Umfeld. Ziel der Assistenzfunktion ist es, den Fahrer zu einem an das Gefahrenpotential der vorliegenden Verkehrssituation angepassten Geschwindigkeitsverhalten zu bewegen. Die dadurch reduzierte Fahrgeschwindigkeit soll das Unfallrisiko senken und im Falle einer erforderlichen Notbremsung zu einer Reduzierung des Anhaltewegs führen.

Anhand einer Auswertung von Unfallstatistiken sowie der Analyse bereits in der Literatur vorgestellter Assistenzsysteme wurden die Anforderungen an das Assistenzsystem definiert. Neben einer Senkung der Fahrgeschwindigkeit unter Berücksichtigung von Umgebungsdaten soll eine Notbremsfunktion als integraler Bestandteil der Assistenzfunktion realisiert werden. Bereits bei der Systemauslegung sowie bei der Validierung der Assistenzfunktion sollte der Fahrerakzeptanz besondere Aufmerksamkeit geschenkt werden.

Die Idee der sicherheitsoptimierten Längsführungsassistenz (SOL) basiert auf dem Prinzip der modellprädiktiven Regelung: Der Fahrer gibt über das Fahrpedal den Fahrerwunsch in Form einer Geschwindigkeitstrajektorie als Referenz innerhalb des Prädiktionshorizonts vor. Zusätzlich werden neben fahrdynamischen Randbedingungen auch sicherheitsrelevante Informationen als Beschränkungen im Optimierungsproblem berücksichtigt. Dies sind insbesondere die zulässige Höchstgeschwindigkeit sowie Objekte von denen eine Kollisionsgefahr ausgeht. Zusätzlich werden Slackvariablen eingeführt, die konkret die Überschreitung der sicherheitsrelevanten Beschränkungen beschreiben. Dadurch entsteht ein im Kontext der Regelung objektives Maß für die Sicherheit einer gefundenen Trajektorie. Durch die Minimierung der Slackvariablen im Optimierungsprozess wird die Sicherheit der Trajektorie maximiert.

© Springer Fachmedien Wiesbaden GmbH, ein Teil von Springer Nature 2018
T. Rothermel, *Ein Assistenzsystem für die sicherheitsoptimierte Längsführung von E-Fahrzeugen im urbanen Umfeld*, Wissenschaftliche Reihe Fahrzeugtechnik Universität Stuttgart, https://doi.org/10.1007/978-3-658-23337-2_5

Weiterhin kann über die Gewichtung der Slackvariablen die Eingriffsintensität eingestellt werden und somit Geschwindigkeitsüberschreitungen in gewissem Maße zugelassen werden. Dadurch soll eine kontinuierliche, situationsabhängige Anpassung der Eingriffsintensität ermöglicht und die Fahrerakzeptanz gesteigert werden.

Im Hinblick auf die Validierung der SOL wurde ein Konzept für die Benutzerschnittstelle entworfen und implementiert. Hierfür wird neben einem Anzeige- und Audiosystem ein aktives Fahrpedal genutzt. Die Funktionalität der Assistenzfunktion wurde implementiert und in den Stuttgarter Fahrsimulator integriert. Mithilfe eines leistungsfähigen Rechnersystems sowie mit dem Einsatz effizienter Software für die Lösung des eingesetzten Optimalsteuerungsproblems konnten ausreichend kurze Latenzzeiten für die Bereitstellung der sicherheitsoptimierten Trajektorie erzielt werden.

Um den durch die Nutzung der SOL entstehenden Sicherheitszugewinn abzuschätzen, wurde eine umfangreiche Probandenstudie mit 34 gültigen Probanden im Stuttgarter Fahrsimulator durchgeführt. Die Studie hatte weiterhin zum Ziel eine Parametrierung der Eingriffsintensität für ein gutes Nutzen-Akzeptanzverhältnis zu ermitteln. Es wurde gezeigt, dass bereits bei moderaten Eingriffsintensitäten eine signifikante Reduzierung der Durchschnittsgeschwindigkeit in Bereichen mit niedriger zulässiger Höchstgeschwindigkeit erreicht werden kann. Erwartungsgemäß wurde festgestellt, dass die von den Probanden gefahrene Durchschnittsgeschwindigkeit mit steigender Eingriffsintensität abnimmt. Weiterhin konnte durch die Analyse von Verteilungsfunktionen gezeigt werden, dass Probanden mit zuvor hoher Durchschnittsgeschwindigkeit zu Geschwindigkeitsreduzierungen bewegt werden konnten. Bei der Betrachtung einer in der Testfahrt enthaltenen Notbremssituation konnte gezeigt werden, dass mithilfe der in der SOL enthaltenen Kombination aus Geschwindigkeits- und Notbremsassistenz der Bremsweg um bis zu 54 % reduziert werden kann. Die Auswertung der während der Studie erhobenen Fahrerakzeptanz zeigt, dass die Akzeptanzwerte bei zu starker Eingriffsintensität abnehmen. Eine zu schwache Eingriffsintensität wirkt sich ebenfalls negativ auf die Fahrerakzeptanz aus. Die Ergebnisse lassen darauf schließen, dass die Akzeptanz der Fahrer für die SOL höher liegt als für Systeme, die die Geschwindigkeit hart auf die zulässige Höchstgeschwindigkeit drosseln.

Die Ergebnisse der Probandenstudie zeigen, dass die Eingriffsintensität einen großen Einfluss auf die Fahrerakzeptanz und damit auf die Häufigkeit der Nutzung des Systems hat. Um bei einem Serieneinsatz eines solchen Systems eine hohe Marktdurchdringung zu erreichen, muss deshalb bei der Weiterentwicklung auf die situationsangepasste Wahl der Eingriffsintensität großen Wert gelegt werden. Hierzu wäre ein detaillierteres Modul zur Situationsinterpretation und zur Risikopotentialabschätzung der aktuellen Fahrsituation für eine kontinuierliche Anpassung der Eingriffsintensität zielführend. Bei einer solchen Situationsinterpretation können weitere Informationen, wie beispielsweise Witterungsverhältnisse, Informationen ortsfester Sensoren oder tageszeitbedingte Ereignisse (z.B. Schulzeiten) berücksichtigt werden. Ein weiterer Sicherheitszugewinn ist durch die Berücksichtigung zusätzlicher Informationen bei der Generierung von Beschränkungen zu erwarten. So könnten beispielsweise auch vorausfahrende Fahrzeuge oder Ampeln (mitsamt der Ampelphase) im Prädiktionshorizont berücksichtigt werden.

Die in dieser Arbeit durchgeführte Probandenstudie attestiert der sicherheitsoptimierten Längsführung ein großes Potential für die Steigerung der Sicherheit im Straßenverkehr. Eine Langzeitstudie im realen Fahrbetrieb könnte diese Ergebnisse untermauern und zu weiteren Erkenntnissen beitragen.

Literatur

[1]   Beckmann, K.; Möller, A.: Mobilität 2020: Perspektiven für den Verkehr von morgen, Bd. 1, Acatech berichtet und empfiehlt, Stuttgart: Fraunhofer IRB Verlag, 2006.

[2]   Statistisches Bundesamt: Verkehrsunfälle. *Fachserie 8, Reihe 7*, (2016).

[3]   Bundesministerium für Verkehr und digitale Infrastruktur: Verkehrssicherheitsprogramm 2011, 2011.

[4]   Bundesministerium für Verkehr und digitale Infrastruktur: Halbzeitbilanz des Verkehrssicherheitsprogramms 2011-2020, 2015.

[5]   Die Bundesregierung: Neue Kraftstoffe und Antriebe: Sauber und Kostengünstig, URL: https://www.bundesregierung.de/Webs/Breg/DE/Themen/Energiewende/Mobilitaet/mobilitaet_zukunft/_node.html (besucht am 02. 06. 2017).

[6]   National Highway Traffic Safety Administration: Incidence of Pedestrian and Bicyclist Crashes by Hybrid Electric Passenger Vehicles. *Technical Report*, (2009).

[7]   Statistisches Bundesamt: Verkehrsunfälle - Zeitreihen, 2016.

[8]   ACE Auto Club Europa: Fußgänger-Unfälle: Eine Studie des ACE Auto Club Europa, Daten und Fakten, 2011.

[9]   Wegman, F.: Influencing Speed Behaviour to Improve Road Safety, SMOV - Institute for Road Safety Research, the Netherlands, 2002.

[10] Andersson, G.; Nilsson, G.: Speed management in Sweden: Speed, Speed Limits and Safety, Swedish National Road and Transport Institute VTI, Linkoping, 1997.

[11] Elvik, R.; Christensen, P.; Amundsen, A. H.: Speed and road accidents: An evaluation of the power model, Bd. 740/2004, TØI report, Oslo: Institute of Transport Economics, 2004.

[12] Elvik, R.: The power model of the relationship between speed and road safety: Update and new analyses, Bd. 1034/2009, TØI report, Oslo: Institute of Transport Economics, 2009.

[13] Ashton, S. J.; Mackay, G. M.: Some characteristics of the population who suffer trauma as Som Characteristics of the Population who suffer Trauma as Pedestrians when hit by Cars and some Resulting Implications, 1979.

© Springer Fachmedien Wiesbaden GmbH, ein Teil von Springer Nature 2018
T. Rothermel, *Ein Assistenzsystem für die sicherheitsoptimierte Längsführung von E-Fahrzeugen im urbanen Umfeld*, Wissenschaftliche Reihe Fahrzeugtechnik Universität Stuttgart, https://doi.org/10.1007/978-3-658-23337-2

[14]   Davis, G.: Relating Severity of Pedestrian Injury to Impact Speed in
       Vehicle-Pedestrian Crashes: Simple Threshold Model. *Transportation
       Research Record: Journal of the Transportation Research Board*, Bd.
       1773 (2001), S. 108–113.

[15]   Rosén, E.; Sander, U.: Pedestrian fatality risk as a function of car
       impact speed. *Accident Analysis & Prevention*, Bd. 41 Nr. 3 (2009),
       S. 536–542.

[16]   Richards, D.: Relationship between Speed and Risk of Fatal Injury:
       Pedestrians and Car Occupants. *Road Safety Web Publication No. 16*,
       (2010).

[17]   Jurewicz, C. u. a.: Exploration of Vehicle Impact Speed – Injury Severi-
       ty Relationships for Application in Safer Road Design. *Transportation
       Research Procedia*, Bd. 14 (2016), S. 4247–4256.

[18]   Mercedes-Benz: Aktive Motorhaube, URL: http://techcenter.mercedes-
       benz.com/de_DE/active_hood/detail.html (besucht am 13. 07. 2017).

[19]   Volvo Cars: Fußgänger-Airbag, URL: http://support.volvocars.com/
       de/cars/Pages/owners-manual.aspx?mc=Y555%5C&my=2015%5C&
       sw=14w20%5C&article=7fceb4e7544b4fbbc0a801e800b0ef6b
       (besucht am 13. 07. 2017).

[20]   European Union: Regulation (EC) No 78/2009 of 14 January 2009
       on the type approval of motor vehicles with regard to the protection
       of pedestrians and other vulnerable road users. *Official Journal of the
       European*, Bd. L 35 (2009).

[21]   Wegman, F.; Aarts, L.; Bax, C.: Advancing sustainable safety. *Safety
       Science*, Bd. 46 Nr. 2 (2008), S. 323–343.

[22]   Daoud, I.: ETSC PIN Projekt: Fortschritt bei der Verkehrssicherheit in
       der EU. *European Transport Safety Council*, (2014).

[23]   ADAC Allgemeiner Deutscher Automobil-Club e.V.: Assis-
       tenzsysteme: Der Spurhalteassistent, URL: https://www.adac.
       de/infotestrat/tests/assistenzsysteme/Spurassistent/default.aspx?
       ComponentId=100439%5C&SourcePageId=0   (besucht   am
       20. 01. 2017).

[24]   Kuehn, M.; Hummel, T.; Bende, J.: Benefit estimation of advanced
       driver assistance systems for cars derived from real-life accidents. Ta-
       gungsband: *ESV Konferenz, Paper*, 2009.

[25]   Hummel, T.: Fahrerassistenzsysteme: Ermittlung des Sicherheitspo-
       tenzials auf Basis des Schadengeschehens der deutschen Versicherer,

Forschungsbericht / Gesamtverband der Deutschen Versicherungswirtschaft e.V, Berlin: GDV, 2011.

[26] BASt Bundesanstalt für Straßenwesen: Das neue Euro NCAP Rating, 2009, URL: http://www.bast.de/DE/Presse/Downloads/2009-17-langfassung-pressemitteilung.html (besucht am 25. 10. 2017).

[27] Carsten, O.; Tate, F. N.: Intelligent speed adaptation: accident savings and cost–benefit analysis. *Accident Analysis & Prevention*, Bd. 37 Nr. 3 (2005), S. 407–416.

[28] SWOV: Fact sheet Intelligent Speed Assistance (ISA). *Institute for road safety research, Netherlands*, (2010).

[29] Agerholm, N.; Waagepetersen, R.; Tradisauskas, N.; Lahrmann, H.: Intelligent speed adaptation in company vehicles. Tagungsband: *2008 IEEE Intelligent Vehicles Symposium (IV)*, 2008, S. 936–943.

[30] Driscoll, R.; Page, Y.; Lassarre, S.; Ehrlich, J.: Lavia – an Evaluation of the Potential Safety Benefits of the French Intelligent Speed Adaptation Project. *Annual Proceedings / Association for the Advancement of Automotive Medicine*, Bd. 51 (2007), S. 485–505.

[31] Regan, M. A. u. a.: Impact on driving performance of intelligent speed adaptation, following distance warning and seatbelt reminder systems: key findings from the TAC SafeCar project. *IEEE Proceedings - Intelligent Transport Systems*, Bd. 153 Nr. 1 (2006), S. 51.

[32] Várhelyi, A.; Hjälmdahl, M.; Risser, R.: The Effects of Large Scale Use of Active Accelerator Pedal in Urban Areas. *ICTCT workshop Nagoya*, (2002).

[33] Várhelyi, A.; Hjälmdahl, M.; Hydén, C.; Draskóczy, M.: Effects of an active accelerator pedal on driver behaviour and traffic safety after long-term use in urban areas. *Accident Analysis & Prevention*, Bd. 36 Nr. 5 (2004), S. 729–737.

[34] Morsink, P. u. a.: Speed support through the intelligent vehicle: Perspective, estimated effects and implementation aspects. *SWOV Institute for Road Safety Research*, (2007).

[35] European Transport Safety Council: Speed limit displays on new car models 'not enough', URL: http://etsc.eu/speed-limit-displays-on-new-car-models-not-enough/ (besucht am 19. 07. 2017).

[36] European Commission: Saving Lives: Boosting Car Safety in the EU Reporting on the monitoring and assessment of advanced vehicle safety features, their cost effectiveness and feasibility for the review of the regulations on general vehicle safety and on the protection of pede-

strians and other vulnerable road users. *Report from the Commission to the European Parliament and the Council*, Nr. SWD(2016) 431 (2016).

[37] Rasmussen, J.: Skills, rules, and knowledge; signals, signs, and symbols, and other distinctions in human performance models. *IEEE Transactions on Systems, Man, and Cybernetics*, Bd. SMC-13 Nr. 3 (1983), S. 257–266.

[38] Fiala, E.: Lenken von Kraftfahrzeugen als kybernetische Aufgabe. *Automobiltechnische Zeitschrift*, Nr. 68 (1966), S. 156–163.

[39] Donges, E.: Ein regelungstechnisches Zwei-Ebenen-Modell des menschlichen Lenkverhaltens im Kraftfahrzeug. *Zeitschrift für Verkehrssicherheit*, Bd. 24 Nr. 3 (1978), S. 98–112.

[40] Michon, J. A.: A critical view of driver behavior models: what do we know, what should we do?. *Human behavior and traffic safety*, 1985, S. 474–520.

[41] Donges, E.: Aspekte der aktiven Sicherheit bei der Führung von Personenkraftwagen. *Automobil-Industrie*, Bd. 27 Nr. 2 (1982), S. 183–190.

[42] Winner, H.: Handbuch Fahrerassistenzsysteme: Grundlagen, Komponenten und Systeme für aktive Sicherheit und Komfort, 2. Aufl., ATZ-MTZ-Fachbuch, Wiesbaden: Vieweg + Teubner, 2012.

[43] Vollrath, M.; Krems, J. F.: Verkehrspsychologie: Ein Lehrbuch für Psychologen, Ingenieure und Informatiker, 1. Aufl, EBL-Schweitzer, Stuttgart: Kohlhammer Verlag, 2011.

[44] VDA - Verband der Automobilindustrie e. V.: Automatisierung: Von Fahrerassistenzsystemen zum automatisierten Fahren, 2015, URL: https://www.vda.de/de/services/Publikationen/automatisierung. html (besucht am 25. 10. 2017).

[45] Rechtsfolgen zunehmender Fahrzeugautomatisierung. Tagungsband: *Forschung kompakt*, hrsg. von BASt Bundesanstalt für Straßenwesen, Bd. 11/12.

[46] SAE: SAE J3016: Taxonomy and Definitions for Terms Related to Driving Automation Systems for On-Road Motor Vehicles, 30.09.2016.

[47] Flemisch, F. u. a.: Automation spectrum, inner / outer compatibility and other potentially useful human factors concepts for assistance and automation. *Human Factors for Assistance and Automation*, (2008), S. 257–272.

[48] Griffiths, P. G.; Gillespie, R. B.: Sharing Control Between Humans and Automation Using Haptic Interface: Primary and Secondary Task Per-

formance Benefits. *Human Factors: The Journal of the Human Factors and Ergonomics Society*, Bd. 47 Nr. 3 (2005), S. 574–590.

[49] Schutte, P.: Complemation: An alternative to automation. *Journol of Information Technology Impact*, Bd. 1 Nr. 3 (1999), S. 113–118.

[50] Anderson, S. J.; Peters, S. C.; Pilutti, T. E.; Iagnemma, K.: An optimal-control-based framework for trajectory planning, threat assessment, and semi-autonomous control of passenger vehicles in hazard avoidance scenarios. *Int. Journal Vehicle Autonomous Systems*, Nr. 8 (2010).

[51] Flemisch, F. u. a.: The H-Metaphor as a guideline for vehicle automation and interaction, Bd. 212672, NASA technical memorandum, Hanover und MD: NASA Center for AeroSpace Information, 2003.

[52] Fischer, M. u. a.: Advanced driving simulators as a tool in early development phases of new active safety functions. *Advances in Transportation Studies an International Journal RSS2011*, (2011), S. 171–182.

[53] Colditz, J. u. a.: Use of Driving Simulators within Car Development. *Driving Simulation Conference, North America*, 2007.

[54] Boer, E. R. u. a.: The role of driving simulators in developing and evaluating autonomous vehicles. Tagungsband: *Proceedings of the Driving Simulation Conference Europe*, 2015, S. 3–10.

[55] Weir, D. H.; Clark, A. J.: A survey of mid-level driving simulators, Bd. 950172, SAE Technical Paper Series.

[56] Pitz, J.-O.: Vorausschauender Motion-Cueing-Algorithmus für den Stuttgarter Fahrsimulator, Dissertation, Wiesbaden: Springer Fachmedien Wiesbaden, 2017.

[57] Reason, J. T.: Motion sickness—some theoretical considerations. *International Journal of Man-Machine Studies*, Bd. 1 Nr. 1 (1969), S. 21–38.

[58] Kennedy, R. S.; Lane, N. E.; Berbaum, K. S.; Lilienthal, M. G.: Simulator sickness questionnaire: An enhanced method for quantifying simulator sickness. *The international journal of aviation psychology*, Bd. 3 Nr. 3 (1993), S. 203–220.

[59] Baumann, G. u. a.: How to build Europe's largest eight-axes motion simulator. *Driving Simulation Conference, Paris 2012*, (2012).

[60] Baumann, G. u. a.: The new Driving Simulator of Stuttgart University. *12th Stuttgart International Symposium*, (2012).

[61]   Kehrer, M.; Janeba, A.; Baumann, G.; Reuss, H.-C.: Design and implementation of a realistic car sound simulation. *Driving Simulation Conference, Stuttgart 2017*, (2017).

[62]   Pitz, J.; Nguyen, M.-T.; Baumann, G.; Reuss, H.-C.: Combined Motion of a Hexapod with XY-Table System For Lateral Movements. *Driving Simulation Conference, Paris 2014*, (2014).

[63]   Pitz, J.; Rothermel, T.; Kehrer, M.; Reuss, H.-C.: Predictive motion cueing algorithm for development of interactive assistance systems. Tagungsband: *16. Internationales Stuttgarter Symposium*, 2016, S. 1155–1169.

[64]   Vires Simulationstechnologie GmbH: OpenSCENARIO / OpenDRIVE / OpenCRG Product Data Sheet, URL: http://www.openscenario.org/docs/VIRES_ODR_OCRG_OSC_201510.pdf (besucht am 25.07.2017).

[65]   Intel: Hard Real time Linux Using Xenomai on Intel Multi-Core Processors. *White Paper*, (2009).

[66]   Dietsche, K.-H.: Kraftfahrtechnisches Taschenbuch, 26. überarb. und erg. Aufl, Studium und Praxis, Wiesbaden: Vieweg, 2007.

[67]   Mitschke, M.: Dynamik der Kraftfahrzeuge: Antrieb und Bremsung, 2. Aufl., Bd. A, Berlin, Springer, 1982.

[68]   Kampker, A.; Vallée, D.; Schnettler, A.: Elektromobilität: Grundlagen einer Zukunftstechnologie, Berlin: Springer Vieweg, 2013.

[69]   Tschöke, H.: Die Elektrifizierung des Antriebsstrangs: Basiswissen, ATZ/MTZ-Fachbuch, 2015.

[70]   Breuer, B.: Bremsenhandbuch: Grundlagen, Komponenten, Systeme, Fahrdynamik, 4., überar. u. erw. Aufl. 2012, ATZ-MTZ Fachbuch, Wiesbaden: Vieweg, 2012.

[71]   Pacejka, H. B.; Bakker, E.; Nyborg, L.: Tyre Modelling for Use in Vehicle Dynamics Studies, Bd. 870421, SAE Technical Paper Series, 1987.

[72]   Becker, G.: Ein Fahrerassistenzsystem zur Vergrößerung der Reichweite von Elektrofahrzeugen, Dissertation, Wiesbaden: Springer Fachmedien Wiesbaden, 2016.

[73]   Freuer, A.: Ein Assistenzsystem für die energetisch optimierte Längsführung eines Elektrofahrzeugs, Wissenschaftliche Reihe Fahrzeugtechnik Universität Stuttgart, Wiesbaden: Springer Fachmedien Wiesbaden, 2016.

[74] Radke, T.: Energieoptimale Längsführung von Kraftfahrzeugen durch Einsatz vorausschauender Fahrstrategien. *Karlsruher Schriftenreihe Fahrzeugsystemtechnik*, Nr. 19 (2013).

[75] Attia, R. u. a.: Reference Generation and Control Strategy for Automated Vehicle Guidance. *IEEE 2012 Intelligent Vehicles Symposium*, (2012).

[76] Werling, M.: Ein neues Konzept für die Trajektoriengenerierung und -stabilisierung in zeitkritischen Verkehrsszenarien. *Schriftenreihe des Instituts für Angewandte Informatik / Automatisierungstechnik, Karlsruher Institut für Technologie*, Nr. 34 (2010).

[77] Werling, M.; Ziegler, J.; Kammel, S.; Thrun, S.: Optimal Trajectory Generation for Dynamic Street Scenarios in a Frenet Frame. *IEEE International Conference on Robotics and Automation*, (2010).

[78] Werling, M.; Reinisch, P.; Gresser, K.: Kombinierte Brems-Ausweich-Assistenz mittels nichtlinearer modellprädiktiver Trajektorienplanung für den aktiven Fußgängerschutz. *8. Workshop Fahrerassistenzsysteme,Tagungsband*, hrsg. von UNI-DAS, S. 77–86.

[79] Findeisen, R.: Nonlinear model predictive control: A sampled-data feedback perspective, Bd. 1087, Fortschritt-Berichte / VDI Reihe 8, Mess-, Steuerungs- und Regelungstechnik, Düsseldorf: VDI-Verlag, 2006.

[80] Betts, J. T.: Survey of numerical methods for trajectory optimization. *Journal of Guidance control and dynamics*, Bd. 21 Nr. 2 (1998), S. 193–207.

[81] Cervantes, A.; Biegler, L. T.: Optimization strategies for dynamic systems. *Encyclopedia of Optimization*, hrsg. von Floudas, C. A.; Pardalos, P. M., Boston und MA: Springer US, 2009, S. 2847–2858.

[82] Papageorgiou, M.; Leibold, M.; Buss, M.: Optimierung: Statische, dynamische, stochastische Verfahren für die Anwendung, 3., neu bearb. und erg. Aufl, Berlin: Springer Vieweg, 2012.

[83] Bellman, R. E.: Dynamic programming, A Rand Corporation research study, Princeton und NJ: University Press, 1957.

[84] Graichen, K.: Methoden der Optimierung und optimalen Steuerung, Vorlesungsskript WS 16/17, 2016.

[85] Terwen, S.: Vorausschauende Längsregelung schwerer Lastkraftwagen, Bd. 06, Schriften des Instituts für Regelungs- und Steuerungssysteme, Karlsruher Institut für Technologie, Karlsruhe: KIT Scientific Publishing, 2010.

[86]   Diehl, M. u. a.: Real-time optimization and nonlinear model predicti-
       ve control of processes governed by differential-algebraic equations.
       Journal of Process Control, Bd. 12 Nr. 4 (2002), S. 577–585.

[87]   Diehl, M.; Bock, H. G.; Schlöder, J. P.: A Real-Time Iteration Scheme
       for Nonlinear Optimization in Optimal Feedback Control. *SIAM Jour-
       nal on Control and Optimization*, Bd. 43 Nr. 5 (2005), S. 1714–1736.

[88]   Houska, B.; Ferreau, H. J.; Diehl, M.: An auto-generated real-time
       iteration algorithm for nonlinear MPC in the microsecond range. *Auto-
       matica*, Bd. 47 Nr. 10 (2011), S. 2279–2285.

[89]   Åström, K. J.; Wittenmark, B.: Adaptive control, 2nd ed., Dover ed,
       Dover books on engineering, Mineola und N.Y: Dover Publications,
       2008.

[90]   Vahidi, A.; Stefanopoulou, A.; Peng, H.: Recursive least squares with
       forgetting for online estimation of vehicle mass and road grade: theory
       and experiments. *Vehicle System Dynamics*, Bd. 43 Nr. 1 (2005), S. 31–
       55.

[91]   Kidambi, N. u. a.: Methods in Vehicle Mass and Road Grade Estima-
       tion. *SAE International Journal of Passenger Cars - Mechanical Sys-
       tems*, Bd. 7 Nr. 3 (2014), S. 981–991.

[92]   Halfmann, C.; Holzmann, H.: Adaptive Modelle für die Kraftfahr-
       zeugdynamik, VDI-Buch, Springer Berlin, 2003.

[93]   Rhode, S.; Gauterin, F.: Vehicle mass estimation using a total least-
       squares approach. Tagungsband: *2012 15th International IEEE Confe-
       rence on Intelligent Transportation Systems - (ITSC 2012)*, S. 1584–
       1589.

[94]   Preda, I.; Covaciu, D.; Ciolan, G.: Coast Down Test - Theoretical
       and Experimental Approach. *CONAT 2010 - International Automoti-
       ve Congress*, (2010), S. 155–162.

[95]   Wagner, A.: Modellierung und Identifizierung der Fahrzeuglängsdy-
       namik eines E-Fahrzeugs aus Fahrzeugmessdaten für den Stuttgarter
       Fahrsimulator, Masterarbeit, 2015.

[96]   Müller, G.; Müller, S.: Verfahren zur Schätzung des Reibwertpotenzi-
       als. *ATZ - Automobiltechnische Zeitschrift*, Bd. 118 Nr. 6 (2016), S. 64–
       71.

[97]   Stellet, J. E. u. a.: Fahrbahnreibwertschätzung mit optimaler linearer
       Parametrierung. *at - Automatisierungstechnik*, Bd. 62 Nr. 8 (2014).

[98]   Gustafsson, F.: Slip-based tire-road friction estimation. *Automatica*,
       Bd. 33 Nr. 6 (1997), S. 1087–1099.

[99] Rawlings, J. B.: Tutorial overview of model predictive control. *IEEE Control Systems Magazine*, (2000), S. 38–52.

[100] Lunze, J.: Regelungstechnik, Lehrbuch, Berlin: Springer, 1996.

[101] Ziegler, J. G.; Nichols, N. B.: Optimum Settings for Automatic Controllers. *Transactions of ASME*, Bd. 64 (1942), S. 759–768.

[102] ERTICO: The ADAS Horizon Concept, Broschüre, 2014.

[103] Blervaque, V.: Maps&ADAS – How Digital Maps can Contribute to Road Safety. *Advanced Microsystems for Automotive Applications*, (2006).

[104] Adell, E.; Várhelyi, A.; Dalla Fontana, M.; Bruel, L.: Test of HMI alternatives for driver support to keep safe speed and safe distance-A simulator study. *The Open Transportation Journal*, Bd. 2 (2008), S. 53–64.

[105] Liedecke, C.: Haptische Signale am Fahrerfuß für Aufgaben der Fahrzeugsteuerung, Dissertation, Wiesbaden: Springer Fachmedien Wiesbaden, 2016.

[106] Bolte, U.: Das aktive Stellteil - ein ergonomisches Bedienkonzept, Als Ms. gedr, Bd. Nr. 75, Fortschrittberichte VDI : Reihe 17, Biotechnik, Medizintechnik, Düsseldorf: VDI Verl., 1991.

[107] Schieben, A. u. a.: Haptisches Feedback im Spektrum von Fahrerassistenz und Automation. *Tagungsband: Aktive Sicherheit durch Fahrerassistenz*, (2008).

[108] Gerum, P.: The XENOMAI Project: Implementing a RTOS emulation framework on GNU/Linux. *IDEALX, Open Source Engineering*, (2001).

[109] Follmer, R. u. a.: Mobilität in Deutschland 2008: Tabellenband. (2008).

[110] Bubb, H.: Fahrversuche mit Probanden - Nutzwert und Risiko. *TU Darmstadt, Darmstätter Kolloquium - Mesch & Fahrzeug*, Nr. 557 (2013), S. 27–39.

[111] Laan, J. van der; Heino, A.; Waard, D. de: A Simple Procedure for the acceptance of TransportTelematics. *Transportation Research - Part C: Emerging Technologies, 5, 1-10*, Nr. 5 (1996), S. 1–10.

[112] Hoedemaeker, M.; Brookhuis, K. A.: Behavioural adaptation to driving with an adaptive cruise control (ACC). *Transportation Research Part F: Traffic Psychology and Behaviour*, Bd. 1 Nr. 2 (1998), S. 95–106.

[113]   Adell, E.; Várhelyi, A.; Hjälmdahl, M.: Auditory and haptic systems
        for in-car speed management – A comparative real life study. *Trans-
        portation Research Part F: Traffic Psychology and Behaviour*, Bd. 11
        Nr. 6 (2008), S. 445–458.

[114]   Hibberd, D. L.; Jamson, A. H.; Jamson, S. L.: The design of an in-
        vehicle assistance system to support eco-driving. *Transportation Rese-
        arch Part C: Emerging Technologies*, Bd. 58 (2015), S. 732–748.

[115]   Fahrenberg, J.; Klein, C.; Peper, M.; Zimmermann, P.: Versuchspla-
        nung: Von der Fragestellung zur empirisch prüfbaren Hypothese. *Psy-
        chologisches Institut der Universität Freiburg*, (2000).

[116]   Ellinghaus, D.; Steinbrecher, J.: Kinder in Gefahr: Eine internatio-
        nal vergleichende Untersuchung über die Gefährdung von Kindern
        im Straßenverkehr, Bd. 21, UNIROYAL Verkehrsuntersuchung, Köln,
        1996.

[117]   Institut für Verbrennungsmotoren und Kraftfahrwesen - Universität
        Stuttgart: BMBF Projekt: Zuverlässigkeit und Sicherheit von Elektro-
        fahrzeugen - "ZuSE", Projektabschlussbericht, 2016.

[118]   Bortz, J.: Statistik für Human- und Sozialwissenschaftler, Wien: Sprin-
        ger, 2005.

[119]   Powelleit, M.: Verhaltensbezogene Kennwerte zeitkritischer Fahrma-
        növer, Bd. 100, Berichte der Bundesanstalt für Strassenwesen - Fahr-
        zeugtechnik (F), Bremen und Hannover: Wirtschaftsverlag NW, 2015.

[120]   Rothermel, T.; Pitz, J.; Reuss, H.-C.: Abschätzung der Fahrerakzep-
        tanz und Online-Parameteradaption für eine Semiautonome Längsfüh-
        rungsassistenz mithilfe von Fuzzy-Inferenz. Tagungsband: *AUTOREG
        2015*, 2015.

Anhang

A.1 Tabellen

Tabelle A.1: Exponenten für das Potenzmodell zur Einschätzung des Unfallrisikos [12]

	Landstraße/ Autobahn	Innerorts/ Wohngebiet	Gesamt
Tödliche Unfälle	4,1	2,6	3,5
Unfälle mit Schwerverletzten	2,6	1,5	2,0
Unfälle mit Leichtverletzten	1,1	1,0	1,0
Unfälle mit Verletzten	1,6	1,2	1,5

© Springer Fachmedien Wiesbaden GmbH, ein Teil von Springer Nature 2018
T. Rothermel, *Ein Assistenzsystem für die sicherheitsoptimierte Längsführung von E-Fahrzeugen im urbanen Umfeld*, Wissenschaftliche Reihe Fahrzeugtechnik Universität Stuttgart, https://doi.org/10.1007/978-3-658-23337-2

A.2 Auswertung der Fragebögen der Probandenstudie

Tabelle A.2: Befragung zu Fahrerassistenzsystemen

Frage	gemittelte Antwort/ Anzahl Antworten		
1. Erachten Sie den Einsatz von Fahrerassistenzsystemen generell als sinnvoll?	ja　　eher　　eher　　nein　　　ja　　nein		
2. Fahrerassistenzsysteme können die Sicherheit steigern	ja　　eher　　eher　　nein　　　ja　　nein		
3. Fahrerassistenzsysteme können den Fahrkomfort steigern	ja　　eher　　eher　　nein　　　ja　　nein		
4. Fahrerassistenzsysteme können den Fahrer entlasten	ja　　eher　　eher　　nein　　　ja　　nein		
5. Ich würde beim Kauf eines Fahrzeuges Geld für Fahrerassistenzsysteme ausgeben	ja　　eher　　eher　　nein　　　ja　　nein		
6. Besitzen Sie in Ihrem Fahrzeug Fahrerassistenzsysteme? Wenn „ja", welche?	ja: 24 nein: 10 Tempomat: 22 Abstandstempomat: 4 Notbremsassistent: 5 Spurhalteassistent: 5 Stauassistent: 4 Sonstige: 5		

Tabelle A.3: Befragung zum Autofahren

	Frage	gemittelte Antwort
1.	Ein Auto ist für mich ein reines Transportmittel.	ja — eher ja — eher nein — nein (▼ bei eher ja)
2.	Autofahren macht mir nur mit einem tollen Auto Spaß.	ja — eher ja — eher nein — nein (▼ bei eher ja)
3.	Autofahrer sollten dazu animiert werden weniger Auto zu Fahren.	ja — eher ja — eher nein — nein (▼ bei eher ja)
4.	Beim Autofahren lebe ich richtig auf.	ja — eher ja — eher nein — nein (▼ bei eher nein)
5.	Schnell fahren macht Spaß.	ja — eher ja — eher nein — nein (▼ bei eher ja)
6.	Schnell Fahren ist spannend.	ja — eher ja — eher nein — nein (▼ bei eher nein)
7.	Schnell fahren ist befreiend.	ja — eher ja — eher nein — nein (▼ bei eher nein)
8.	Schnell fahren spart Zeit.	ja — eher ja — eher nein — nein (▼ bei eher nein)
9.	Als Autofahrer muss ich auf andere Verkehrsteilnehmer Acht geben.	ja — eher ja — eher nein — nein (▼ bei ja)

Tabelle A.4: Nachbefragung zur Sicherheitsoptimierten Längsführung

Frage	gemittelte Antwort
1. Erachten Sie das getestete System als sinnvoll? (Geschwindigkeitsassistent)	ja eher ja eher nein nein
2. Erachten Sie das getestete System als sinnvoll? (Notbremsassistent)	ja eher ja eher nein nein
3. Können Sie sich vorstellen ein SOL System in Ihrem Fahrzeug zu verwenden?	ja eher ja eher nein nein

A.3 Formulierung der Restriktionsmatrizen

Für die Restriktionen von Zuständen gilt gemäß Gl. (3.17)- Gl. (3.20):

$$
\mathbf{H} = \begin{bmatrix} 1 & 0 & 1 & 0 \\ 0 & 1 & 0 & 1 \\ 0 & 0 & 1 & 0 \\ 0 & 0 & 0 & 1 \\ 1 & 0 & 1 & 0 \\ 0 & 1 & 0 & 1 \\ 0 & 0 & 1 & 0 \\ 0 & 0 & 0 & 1 \end{bmatrix}, \mathbf{h}_j = \begin{bmatrix} v_{max,j} \\ s_{max,j} \\ \xi_{v,max,j} \\ \xi_{s,max,j} \\ -v_{min,j} \\ -s_{min,j} \\ -\xi_{v,min,j} \\ -\xi_{s,min,j} \end{bmatrix} \qquad \text{Gl. A.1}
$$

Für die Restriktion des Einganges beziehungsweise des Achsmomentes M_a gilt:

$$
\mathbf{D} = \begin{bmatrix} 1 \\ 1 \end{bmatrix}, \mathbf{d}_j = \begin{bmatrix} M_{a,max,j} \\ M_{a,min,j} \end{bmatrix} \qquad \text{Gl. A.2}
$$

Man beachte, dass alle Restriktionen für jeden Zeitschritt j innerhalb des Prädiktionshorizontes separat definiert werden können.

Printed in the United States
By Bookmasters